Gruber / Oberhummer / Puntigam

WER NICHTS WEISS, MUSS ALLES GLAUBEN

Gruber / Oberhummer / Puntigam

WER NICHTS WEISS, MUSS ALLES GLAUBEN

Science Busters

ecoWIN

Werner Gruber/Heinz Oberhummer/Martin Puntigam
Wer nichts weiß, muss alles glauben

FSC

Mix

Produktgruppe aus vorbildlich bewirtschafteten Wäldern
und anderen kontrollierten Herkünften

Zert.-Nr. SGS-COC-004295
www.fsc.org
© 1996 Forest Stewardship Council

Das für dieses Buch verwendete FSC-zertifizierte Papier
EOS lieferte Salzer, St. Pölten

Umschlagidee und -gestaltung: **kratkys.net** ✗

1. Auflage
© 2010 Ecowin Verlag, Salzburg
Lektorat: Mag. Josef Rabl
Grafiken & Daumenkino: Werner Gruber
Coverfoto der Science Busters: Ingo Pertramer
Gesamtherstellung: www.theiss.at
Gesetzt aus der Sabon
Printed in Austria
ISBN 978-3-902404-93-0

1 2 3 4 5 6 7 8 / 12 11 10

www.ecowin.at

Inhaltsverzeichnis

Einleitung

ABDULA!!!

Wenn Werner Gruber beim Aufbau eines Experiments Hilfe braucht, oder einfach nur um einen Kaffee bittet, den er dann aber meistens sowieso kalt werden lässt, dann schallt sein kräftiges Organ in Überzimmerlautstärke durch das Wiener Rabenhof Theater. Und alle wissen: Die Science Busters sind wieder indahouse.

Mit „Herzlich willkommen bei einer neuen Show der Science Busters!" beginnt nahezu jede Vorführung. 27 verschiedene Programme werden es bis zum Erscheinen dieses Buches sein, die die Science Busters in knapp drei Jahren als Uraufführungen auf die Bühne gebracht haben. Praktisch von Beginn an ausverkauft. Keine Show ist wie die andere, einfach deshalb, weil es keinen fertigen Text gibt. Es gibt zwar einen genauen Ablaufplan, wann welches Thema verhandelt wird, der Rest ist Improvisation. Wer übrigens beim Namen Abdula an einen wehrlosen Hilfsarbeiter mit Migrationshintergrund denkt, der von den Science Busters schamlos ausgebeutet wird, während sie selbst in warmer Eselsmilch baden, der irrt. Herr Abdula, oder davor Alexander, Doris, Martina, die für die Produktionsassistenz verantwortlich zeichnen, sowie Josch und Harald, die für Ton und Licht sorgen, haben keinen geringen Anteil am Gelingen der Shows, weshalb ihnen dieses Buch gewidmet ist.

Nach einer kurzen Aufwärmphase im Rahmen des Projekts „Science in Film"[1] lernten Univ.-Prof. Heinz Oberhummer (Theo-

---

1 In Zusammenarbeit mit Stefan Faltermann

9

retische Physik, TU Wien), Univ.-Lekt. Werner Gruber (Experimentalphysik, Univ. Wien) und Martin Puntigam (Studienabbrecher, Univ. Graz) den Visual Artist und Art Director Christian Gallei kennen und wurden die Science Busters. Thomas Gratzer und sein Team im Wiener Rabenhof Theater boten der schärfsten Science Boygroup der Milchstraße Herberge an und am 7. November 2007 ging es los mit der ersten Premiere „Im Weltall gibt es keine Bohnen – Warum der Mensch zum Mond will und wie".

Seitdem ist kein Ende abzusehen. Die Science Busters schlagen mit einer regelmäßigen Radiokolumne auf FM4, Auftritten in der Fernsehsendung „Dorfers Donnerstalk", der Show „Science Busters for Kids" (Koproduktion mit dem Rabenhof Theater und dem Theater der Jugend, Wien) eine Schneise der naturwissenschaftlichen Aufklärung durch das Land. Und mittlerweile auch darüber hinaus. Liechtenstein und Deutschland sind schon gefallen, die Schweiz braucht gar nicht so zu schauen, sie kommt auch noch dran.

Aber warum?

Ein sehr dicker Experimentalphysiker, ein dicker Kabarettist und ein alter Professor für Theoretische Physik, unterstützt von einem glatzköpfigen VJ[2] – warum wollen sich die Menschen das anschauen?

Noch dazu, wo Physik in der Schule bei den Kindern ungefähr so beliebt ist wie ein eitriger Steißbeinzwilling. Man weiß: das gibt es, es ist sicher unangenehm und man möchte auf jeden Fall nichts damit zu tun haben.

Warum also? Ganz einfach. Weil Physik fantastisch sein kann. Alles im Universum ist Physik, und die Science Busters sind in der Lage, das verständlich und unterhaltsam zu präsentieren. Farbenfroh, live und sexy. Mit Filmausschnitten, teilweise unfassbaren

---

2   Visual Artist, Videokünstler

Grafiken und zahlreichen Experimenten, zum Teil überwältigend, zum Teil unverschämt einfach, aber gerade dadurch faszinierend. Etwa wie man Außerirdische jederzeit mit einem Feuerball begrüßen kann, ohne die ganze Zeit einen auffälligen Flammenwerfer im Vorzimmer liegen haben zu müssen. Man braucht dafür nur einen Kanister, ein Kunststoffpanzerrohr, Lykopodium und ein paar Kerzen, solche, wie man sie auf eine Geburtstagtorte steckt, wo sind jetzt die Kerzen wieder, die müssen doch irgendwo sein, vielleicht in der Garderobe, sonst muss noch schnell wer zum Supermarkt ...

A B D U L A ! ! !

TEIL I

Wer nichts weiß …

Kapitel 1: Universum

Ein inniges Gebet ist eine hervorragende Mordwaffe. Wenn die Umstände passen, tötet es effektiv, unauffällig und ohne Spuren zu hinterlassen. Und der Superbonus dabei: Beten ist nicht schwer, das kann jeder. Man braucht dazu keine Kraft – wie beim Erwürgen, keinen Waffenschein – wie beim Erschießen, keine technischen Kenntnisse – wie beim Bau einer Bombe. „Mein Herz ist klein, darf niemand rein, außer du, mein liebes Jesulein", und schon muss der Notar die Hinterlassenschaft regeln.

Untersucht haben die potenzielle Gemeingefährlichkeit des Betens Forscherinnen und Forscher in den USA, unter anderem der Harvard Medical School, im Rahmen der Langzeitstudie STEP. (STEP steht für „Study of the Therapeutic Effects of Intercessory Prayer" – Studie zum therapeutischen Einfluss fürsprechenden Betens.)

Es handelt sich dabei um die bislang ausführlichste Studie zu der Frage, ob für jemanden zu beten tatsächlich seine Heilungschancen erhöht, sie umfasste 1800 Bypass-Patienten, die operiert wurden, und dauerte fast zehn Jahre. Fragen Sie nicht, warum man so was nach 2000 Jahren Christentum noch macht, da könnte man eigentlich wissen, dass beten nicht der Schlüssel zum Glück ist angesichts der letzten zwei Jahrtausende, aber bitte. Bevor man betet, kann man von mir aus auch übers Beten forschen. Hauptsache, die Kinder nehmen keine Drogen …

Wie wurde geprüft?

Gläubige sollten für die Bypass-Patienten beten, das Fürsprachegebet durften sie frei nach ihrer religiösen Gewohnheit gestalten. Einzige Bedingung: Im Gebet musste die Bitte um „eine erfolgreiche Operation mit einer schnellen gesundheitlichen

Genesung und ohne Komplikationen" enthalten sein. Theologisch natürlich eine Frechheit, so ein Pipifax-Kindergebet, aber man kann getrost davon ausgehen, dass die Menschen in der Regel nicht um viel mehr beten als um ihren eigenen Vorteil.

Die 1800 Probanden wurden in drei Gruppen von jeweils rund 600 Operationskandidatinnen und -kandidaten aufgeteilt: Für Gruppe eins wurde gebetet, sie wusste aber nichts davon. Für Gruppe zwei wurde nicht gebetet. Die 600 Probanden der dritten Gruppe wurden in die Gebete ihrer Kirchen-Gemeinden eingeschlossen und darüber informiert, dass für sie gebetet würde.

Das Ergebnis: In Gruppe eins und zwei traten ungefähr in gleich vielen Fällen Komplikationen auf. In Gruppe drei aber traten in deutlich mehr Fällen Komplikationen auf, und zwar um fast zehn Prozent mehr.

Warum war das so?

Es entsteht ein gewisser Stressfaktor, der die Genesung behindern kann. Der Patient mag sich denken: „Die beten für mich, also muss es mir wirklich schlecht gehen." Oder: „Ich muss schnell gesund werden, weil die ja alle für mich beten." Oder er denkt sich: „Wenn die jetzt auch noch beten für mich, dann schleich ich mich endgültig." Wie auch immer.

Dass Gebete wirkungslos sind, ist nicht besonders sensationell, das war zu erwarten, aber die Pointe an der Geschichte lautet: Ein nicht unbeträchtlicher finanzieller Beitrag zur Studie wurde von der Templeton Foundation bereitgestellt. John Marks Templeton war ein erfolgreicher britischer Börsenmakler, als Presbyterianer aber auch sehr gläubig. Mit seinem Templeton-Preis, der weltweit höchstdotierten Auszeichnung für Einzelpersonen (1.000.000 Pfund Sterling), werden Menschen gewürdigt, die die Verbindung zwischen Wissenschaft und Religion untermauern. Als ob das wer brauchen würde. Wer glauben will, soll glauben, wozu braucht wer noch Wissenschaft, wenn er Wunder für möglich hält?

Eigentlich sollte STEP natürlich beweisen, welch positive Kraft im Gebet steckt, herausgekommen ist das Gegenteil.

Dabei handelt es sich nicht um einen Einzelfall. Millionen Dollar sind in den vergangenen Jahren in die Erforschung von Glauben und Religion investiert worden, unter anderem um zu beweisen, dass Glaube genetisch determiniert ist.

Gezeigt hat sich – wenig überraschend –, dass Glaube und Religion vor allem gesellschaftspolitische Phänomene sind: Je mehr Angst Menschen haben, je unsicherer ihr sozialer Status ist und je stärker sie an hierarchische Strukturen glauben und ihnen folgen, desto eher sind sie bereit, an einen Gott zu glauben. Wohlhabende, aufgeklärte und furchtlose Menschen haben Religion also gar nicht nötig. Oder, um es mit den Worten von Marie von Ebner-Eschenbach zu sagen: Wer nichts weiß, muss alles glauben.

Aber was wissen wir überhaupt?

Dass beten nicht hilft. Gut, aber das wird auch zukünftige Zöglingsgenerationen nicht vor dem handfesten Zugriff ihrer spirituellen Vorgesetzten schützen.

Die Fortschritte in den Naturwissenschaften in den letzten 200 Jahren waren enorm, aber was wissen wir wirklich?

Wenn wir einmal davon ausgehen, dass es keinen Gott gibt, wofür es sehr gute Gründe gibt, woher kommen wir dann? Wie sind wir entstanden und wann und warum? Und warum sollen wir das alles wissen wollen, und was nützt uns dieses Wissen, wenn wir nicht einmal wissen, dass man Investmentbankern nicht über den Weg trauen darf?

Der Reihe nach.

Setzen Sie sich jetzt bitte gut hin und halten Sie sich fest, denn was nun kommt, ist eine große Unverschämtheit: Warum etwas passiert, ist in der Physik grundsätzlich einmal egal. Komplett wurscht. Powidl. Blunzn, wie der Österreicher so sagt. Suchen Sie sich was aus. Da können Sie alle Physikerinnen und Physiker am Spieß braten und Ihnen gleichzeitig androhen, dass sie lebenslang nur noch belebtes Wasser trinken müssen, und zwar kostenpflichtig, die werden Ihnen nichts anderes sagen.

Und wer ist dran schuld?

Weiß man auch nicht. Was man aber weiß, ist, dass man Fragen nach dem „Warum" einfach nicht immer beantworten kann, wenn man sich in Physik auskennt.

Der Erste, der das erkannt hat, war der Erste der Physiker: Galileo Galilei. Fragt man nach dem „Warum", impliziert das, dass es jemand veranlasst hat. Also meinte Galilei, dass wir uns in der Physik darauf beschränken sollten, nach dem „Wie" zu fragen.

„Warum fallen Körper nach unten?" wäre ein schönes Beispiel für eine „Warum"-Frage. Die Antwort könnte lauten: „aufgrund der Schwerkraft" oder fachlich besser formuliert: „aufgrund der Gravitation". Die Begriffe *Schwerkraft* und *Gravitation* sind aber nur Wörter. Genauso gut könnte man antworten: „Na, weil sie immer schon nach unten gefallen sind."

Stellen wir uns aber die Frage „Wie fallen Körper nach unten?", können wir eine eindeutige Antwort geben:

$$s(t) = |h(t) - h_0| = \frac{1}{2}gt^2$$

Dabei versteht man unter s(t) die in der Zeit t zurückgelegte Strecke s, g ist die Erdbeschleunigung mit g = 9,81 m/s². h_0 entspricht der Starthöhe, und h(t) ist die Höhe zum Zeitpunkt t. Damit wissen wir, wann sich ein Körper unter Vernachlässigung des Luftwiderstandes in der Nähe der Erde befindet.

Durch Einstein hat sich dann eine Verbesserung der Formel ergeben. Aber auch Einstein konnte „nur" die Frage nach dem „Wie" klären und auch nicht das „Warum".

Betrachten wir das allgemeine Gravitationsgesetz:

$$F = - G\frac{m_1 m_2}{r^2}$$

G ist die Gravitationskonstante, m_1 und m_2 sind die beiden Massen, die sich anziehen, und r ist der Abstand der beiden Massen. Daraus ergibt sich dann eine Anziehungskraft F.

Warum steht über dem r ein Zweier? Eine gute Frage, aber sie kann nicht beantwortet werden. Es ist das Gravitationsgesetz und es funktioniert, wenn man die Natur beschreiben will.

Aber Vorsicht, es gibt auch Ausnahmen. Die Frage „Warum ist der Himmel blau?" kann in der Physik beantwortet werden. Man benötigt hierfür einige Effekte aus den Naturgesetzen und schon kann man diese Frage erklären.[3] Das kommt daher, dass diese Frage eher eine technische Frage ist. In der Technik und teilweise in der Biologie kann man die Frage nach dem „Warum" stellen: Warum erwärmt der Mikrowellenherd Speisen? Warum ist es in der Nacht dunkel? Warum ist das Cordon bleu so beliebt? Die Antwort auf die letzte Frage ist allerdings sehr leicht: Das Cordon bleu ist deshalb so beliebt, weil der Mensch an sich gierig ist. Und wenn er Schinken, Käse und ein Wiener Schnitzel auf einmal bekommen kann, dann nimmt er das lieber als nur ein Schnitzel.

Die Frage „Warum *wollen* wir das alles wissen?" ist schon wieder deutlich schwerer zu beantworten. Nicht zuletzt deshalb, weil niemand genau sagen kann, ob wir wirklich etwas wissen wollen können. Der sogenannte freie Wille ist in den letzten Jahren nämlich ganz schön ins Gerede gekommen, und Geisteswissenschaften und Naturwissenschaften stehen einander in dieser Frage als nahezu unversöhnliche Feinde gegenüber.

Wobei die Neurowissenschaft diesbezüglich relativ entspannt ist. Ihrer Meinung nach haben wir keinen freien Willen, das wird aber nicht groß diskutiert. Nach Meinung der Philosophie, vor

---

3   Eine vorzügliche Erklärung findet man im Buch von Werner Gruber: Unglaublich einfach. Einfach unglaublich. Physik für jeden Tag. Ecowin: Salzburg 2006.

allem im deutschsprachigen Raum, hat die Neurowissenschaft keine Ahnung, wovon sie spricht.

Von Albert Einstein gibt es folgendes Zitat: „Ich weiß ehrlich nicht, was die Leute meinen, wenn sie von der Freiheit des menschlichen Willens sprechen. Ich habe zum Beispiel das Gefühl, dass ich irgendetwas will; aber was das mit Freiheit zu tun hat, kann ich überhaupt nicht verstehen. Ich spüre, dass ich meine Pfeife anzünden will und tue das auch; aber wie kann ich das mit der Idee der Freiheit verbinden? Was liegt hinter dem Willensakt, dass ich meine Pfeife anzünden will? Ein anderer Willensakt? Schopenhauer hat einmal gesagt: ‚Der Mensch kann tun was er will; er kann aber nicht wollen was er will.‘"

Das Thema beschäftigt die Menschen also schon länger. Auch wir wollen uns später etwas eingehender damit befassen, an dieser Stelle nur so viel: Dem Gehirn ist es völlig egal, ob es einen freien Willen hat oder nicht. Das Gehirn kann nur Muster. Erkennen und herstellen. That's it.

Dass wir überhaupt etwas wissen, oder zumindest zu wissen glauben können, ist ein Phänomen, das wir uns noch immer nicht ganz erklären können, und jetzt kommt's: Dass wir uns überhaupt Gedanken machen können, was im Gehirn passiert, dazu brauchen wir das Gehirn selbst. Das Gehirn ist praktisch sein eigener Untersuchungsausschuss. Zustände wie in der katholischen Kirche Österreichs, wo der Kardinal die Kommission zur Untersuchung der Gewalttaten und Missbrauchsfälle in seiner Firma selbst bestellt.

Darüber hinaus ist das Gehirn selbst praktisch auch noch blind; das Gehirn, das für unser Bild der Außenwelt und somit die Repräsentation der Realität verantwortlich ist, sieht diese Welt gar nicht direkt. Nur über die Augen. Unsere Wahrnehmung der Welt sind von einem Supercomputer hochgerechnete Mutmaßungen und Sinneseindrücke.

Warum soll man so jemandem über den Weg trauen?

Gut, wenden da die Anatomen ein, die Augen sind eigentlich ein Teil des Gehirns, also sieht das Gehirn die Welt sehr wohl. Und was ist dann mit blinden Menschen, hören die deshalb auf zu denken? Dem Vernehmen nach ist rund die Hälfte des menschlichen Gehirns mit der Verarbeitung von Seheindrücken beschäftigt. Hat diese Hälfte bei blinden Menschen dann die ganze Zeit frei?

Ja, wahrscheinlich, werden manche denken, denn angeblich verwenden wir ja nur zehn Prozent unseres Gehirns. Aber das ist auch Unsinn, wir verwenden natürlich 100 Prozent unseres Gehirns, es kommt nur darauf an, was wir daraus machen. Und manchmal ist das eben nicht besonders viel. Aber es sind trotzdem 100 Prozent.

Das mit den zehn Prozent ist ein Trugschluss und geht zurück auf Marie-Jean-Pierre Flourens, einen französischen Physiologen, der im 19. Jahrhundert Tauben Teile des Gehirns entfernte. Und zwar Taubenvögeln, nicht tauben Menschen, dafür war dann erst das 20. Jahrhundert zuständig.

Flourens entfernte alles, bis nur noch zehn Prozent übrig waren. Die meisten Tauben waren danach aber nicht mehr quietschfidel, sondern sind daran gestorben, und nur jene, die die Prozedur überlebten, konnten mit zehn Prozent der Gehirnmasse gerade noch den Futternapf finden und die Wasserschale. Mehr nicht. In freier Wildbahn hätten sie keine Chance gehabt. Wenn man aber mit zehn Prozent des Gehirns noch den Futternapf findet und die Wasserschale, dann hat Flourens mit seinen Versuchen quasi den Cluburlaub vorweggenommen. Und dort ist man mit zehn Prozent mitunter sogar noch eher overdressed.

Was es mit dem Gehirn auf sich hat und mit seinen Mustern, was es kann und was nicht, und warum man es regelmäßig gießen soll, darauf kommen wir im Kapitel 4 zu sprechen. Davor wollen (oder möchten, wenn Ihnen das besser gefällt) wir aber einmal schauen, was wir heute eigentlich wissen. Über uns und das gesamte Universum und überhaupt alles.

Das ist einerseits ganz schön viel, andererseits ist das, was die Physik da an Wissen und Thesen anbietet, mitunter eine ziemliche Zumutung. Manche Theorien sind so obskur, dass man, wenn man bereit ist, sie zu akzeptieren, eigentlich gleich an einen Gott glauben kann. Es heißt zwar, Glauben ist kein Konzept der Physik, aber wenn Sie für das Kommende zumindest viel guten Willen mitbringen, schadet es nicht.

Mein Kommando wird lauten: Auf die Plätze, Feuer machen, los!

Mein Kommando gilt: Auf die Plätze, Feuer machen, los!

Blättern Sie bitte um und schauen Sie die nächste Seite genau an.

Sehen Sie was?

In der Mitte der Seite.

Sie müssen genau schauen!

Bitte konzentrieren Sie sich, Sie machen das ja nicht für mich.

Wenn Sie etwas sehen, dann haben Sie zu lange ins Licht geschaut oder Sie können Singularitäten erkennen. Gratuliere.

Sie dürfen sich was aus der Naschlade nehmen.

Und ich hab gleich noch etwas für Sie.

Wieder umblättern, bitte.

Noch eine Singularität. Spitze, oder? Und Sie haben es sicher erkannt, es sind zwei vollkommen unterschiedliche Singularitäten. Die eine ist ein Schwarzes Loch, die andere ein Urknall. Aber wem sage ich das. Natürlich handelt es sich nur um Symbolfotos. Wären es echte Singularitäten, wären sie extrem dicht und Sie wären längst in ihnen drin. Spaghettifiziert wären Sie, in die Länge gezogen wie eine Nudel, aber das wissen Sie vermutlich schon, dass in Schwarzen Löchern mit der Gravitation nicht zu spaßen ist.[4]

Vermutlich. Denn eigentlich können wir über Singularitäten nichts Endgültiges sagen, weil wir keine passende Theorie dafür haben. Die beste Theorie zur Beschreibung unseres Universums, die Allgemeine Relativitätstheorie, versagt nämlich, wenn die Dichte in einem Punkt unendlich groß wird. Was sowohl bei Schwarzen Löchern als auch beim Urknall der Fall ist. Möglicherweise hilft es, wenn man im Bereich mikroskopischer Größenordnungen Quanteneffekte berücksichtigt, möglicherweise aber auch nicht.

Zurück zu den Singularitäten. Mit welcher wollen Sie anfangen?

Wer ist für Urknall? Dann bitte jetzt Hände in die Höhe.

Und wer ist für Schwarzes Loch? Gut, das ist die Mehrheit – Schwarzes Loch it is.

Schwarze Löcher gelten als die gefährlichsten Objekte im Universum. Quasi Weltallmeister im Gefährlichsein. Sie besitzen eine so große Schwerkraft, dass sie die gesamte Materie in ihrer Umgebung verschlucken und nichts mehr aus ihnen entkommen kann. Es handelt sich gewissermaßen um Gravitations-Hochsicherheitsgefängnisse. Die Schwerkraft eines Schwarzen Lochs ist so stark, dass sie alles anzieht – sogar das Licht. Wie in dem berühmten Witz über Schwarze Löcher. Kennen Sie nicht?

---

4 Werner Gruber: Unglaublich einfach. Einfach unglaublich, a.a.O. bzw. Heinz Oberhummer: Kann das alles Zufall sein? Geheimnisvolles Universum. Ecowin: Salzburg 2008

Zwei Schwarze Löcher gehen abends aus. Fragt das eine: „Schatz, was soll ich anziehen?" Drauf das andere: „Alles." Gern geschehen.

Das alles weiß man über Schwarze Löcher, aber man kann sie eigentlich nicht wirklich sehen. Vereinfacht gesagt, sind Schwarze Löcher punktförmig klein, eben Singularitäten, können aber bis zu mehrere Millionen Sonnenmassen haben. Da muss man schon beide Hände nehmen, wenn man die aufheben will. Den Punkt kann man aber auch nicht sehen, man kann ihn nur vermuten, dort, wo es rundherum besonders hell ist. Allerdings nicht wie bei Festbeleuchtung im Weltall, so als ob jemand vergessen hätte, das Licht abzuschalten, oder alle Lichter aufgedreht hat, weil er sich im Dunkeln fürchtet, sondern Röntgenlicht-hell. Man braucht zur Beobachtung von Schwarzen Löchern einen Röntgensatelliten. Den bekommen Sie aber nicht als Lockangebot bei Tchibo, ein passabler Röntgensatellit kostet etwa 700 Millionen Euro. Nur dass Sie das auch wissen.

Und hell ist es rund um Schwarze Löcher, weil alles Licht eingesaugt wird. Und alles andere auch, das beim, na ja, sagen wir, Eintritt ins Schwarze Loch verglüht und leuchtet. In einem Schwarzen Loch schaut es also aus wie in einer gigantischen Verschrottungsanlage, früher hätte man gesagt, hier fehlt die Hausfrau. Es existieren nur mehr die zermanschten Überreste von Gas, Staub, Licht, Sternen und Galaxien. Nicht einmal Atome und Elementarteilchen bleiben im Schwarzen Loch übrig, sondern nur mehr reine Masse. Wahrscheinlich. Hineinschauen kann man, ähnlich wie bei Menschen, in ein Schwarzes Loch nämlich nicht. Je näher man an ein Schwarzes Loch gerät, desto langsamer vergeht die Zeit. Und im Schwarzen Loch selbst gibt es gar keine Zeit mehr. Das wissen wir woher? Kann man sich ausrechnen anhand der Allgemeinen Relativitätstheorie. Sie wissen schon, die, die in dieser Dimension eigentlich versagt.

Guter Erfolg, oder?

Gesehen hat ein Schwarzes Loch nämlich auch noch niemand, sondern nur das Drumherum. Es ist aber sehr wahrscheinlich, dass es Schwarze Löcher tatsächlich gibt. Immerhin. Man kann sich das ungefähr so vorstellen wie die Autogrammstunde eines umjubelten Bestsellerautors. Eine riesengroße Schar Autogrammjäger versammelt sich mit Büchern und Fotos um einen Tisch herum, und dazwischen sitzt sehr wahrscheinlich jemand, der Autogramme schreibt. Aber sehen kann man ihn nicht und man kommt auch nicht hin.

Singularität

Als Singularität bezeichnet man in Physik und Astronomie einen Bereich, in dem in einer Theorie eine physikalische Größe unendlich wird. Das ist zum Beispiel in der Allgemeinen Relativitätstheorie der Fall, wo die Dichte im Zentrum eines Schwarzen Lochs unendlich groß wird. Das widerspricht unserer Erfahrung und zeigt, dass die Allgemeine Relativitätstheorie dort nicht mehr gültig ist und angewendet werden kann.

Schwarze Löcher

Schwarze Löcher können nur indirekt nachgewiesen werden, nämlich durch die entstehende Strahlung bei der Einverleibung von Materie ins Schwarze Loch. Sobald sich Sterne, Staub und Gas einem Schwarzen Loch nähern, werden sie vom Schwarzen Loch angesaugt und erhitzen sich durch Reibung auf dem Weg zum Schwarzen Loch auf einige Millionen Grad. Die dabei entstehende Röntgenstrahlung kann man beobachten und so indirekt auf ein Schwarzes Loch schließen.

Ereignishorizont

Der Ereignishorizont beschreibt den Umfang eines Schwarzen Lochs. Innerhalb des Ereignishorizonts kann weder Materie noch Licht aus dem Schwarzen Loch austreten. Der Ereignishorizont ist umso größer, je mehr Masse das Schwarze Loch besitzt. Für ein Schwarzes Loch mit der Masse der Erde beträgt der Ereignishorizont nur neun Millimeter, für ein Schwarzes Loch mit der Masse der Sonne etwa drei Kilometer.

Quantenvakuum

Die Quantentheorie betrachtet ein Vakuum nicht als völlig leer, sondern darin können immer wieder Teilchenpaare entstehen, die nach extrem kurzer Zeit aber wieder verschwinden. Ein Vakuum darf man sich also nicht als eine starre und unbewegliche Leere vorstellen, sondern wie einen sich stets verändernden Zustand von Teilchen, die erzeugt werden, ganz kurz existieren, um dann gleich wieder zu vergehen.

Hawking-Strahlung

Bis 1970 vermutete man, dass es Schwarze Löcher gar nicht geben kann, weil sie keine Temperatur besitzen und keine Wärmestrahlung abgeben. Durch die Thermodynamik wurde die Relativitätstheorie ad absurdum geführt: Es kann keine Körper ohne Temperatur geben. Im Jahre 1970 folgerte Stephen Hawking, dass aus einem Schwarzen Loch doch Teilchen austreten können. In der Nähe des Ereignishorizonts können der Quantentheorie zufolge immer wieder Teilchenpaare entstehen. Eines der Teilchen wird vom Schwarzen Loch verschluckt, während das andere den Einflussbereich des Schwarzen Lochs verlassen kann. Die aus dem Schwarzen Loch austretenden Teilchen nennt man Hawking-Strahlung. Das austretende Teilchen trägt Masse mit sich, sodass die Masse des Schwarzen Lochs mit der Zeit abnimmt. Die Hawking-Strahlung konnte aber bis jetzt noch nicht beobachtet werden.

Bastelanleitung: Schwarzes Loch to go

Dafür benötigt man eine große durchsichtige Glasschüssel oder ein Goldfischglas oder am besten ein Aquarium, das mehr lang und hoch als breit ist (30 mal 5 mal 20 cm),
1 kg Zucker,
4 Tropfen Milch,
eine Rührschüssel,
einen Laserpointer,
einen Strohhalm mit Knick und
eine kleine schwarze Kugel.

Als Erstes vermengen Sie in der Rührschüssel 1 kg Zucker mit 1,5 l heißem Wasser. Unter ständigem Rühren löst sich der Zucker auf. Während des Rührens geben Sie 2 Tropfen Milch dazu. Sobald sich der Zucker aufgelöst hat, gießen Sie die Zuckerflüssigkeit in das Aquarium.

Danach reinigen Sie die Rührschüssel, geben 1,5 l Wasser hinzu und verrühren das Wasser mit 2 Tropfen Milch. Legen Sie nun ein Blatt Papier vorsichtig auf das Zuckerwasser und gießen Sie das normale Wasser ganz vorsichtig auf das Papier. Wenn das Aquarium gut gefüllt ist, ziehen Sie das Papier heraus. Wenn Sie von der Seite in das Aquarium schauen, erkennen Sie eine Trennfläche zwischen den unterschiedlichen Wassersorten. Nehmen Sie nun den Strohhalm mit Knick und verwirbeln Sie vorsichtig die Trennschicht. Nicht zu viel, aber die Trennschicht soll gerade nicht mehr zu erkennen sein.

Legen Sie nun die schwarze Kugel – die das Schwarze Loch repräsentiert – weit weg vom Aquarium. Leuchten Sie parallel zum Wasserspiegel im unteren oder im oberen Bereich durch das Aquarium. Der Lichtstrahl sollte schön gerade und durch die Milch gut erkennbar sein. Licht breitet sich immer geradlinig aus – immer, wirklich immer (s. Abb. 1).

31

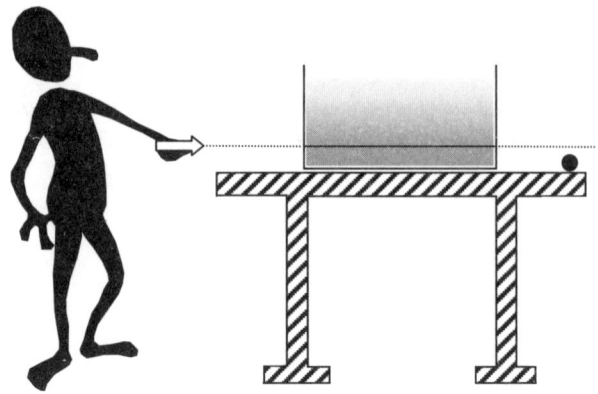

Abb. 1

Nun legen Sie das Schwarze Loch direkt vor das Aquarium. Leuchten Sie von schräg unten flach in den Bereich, in dem vorher die Trennschicht zu erkennen war. Das Licht wird sich verbiegen – nur durch die Kraft der schwarzen Kugel. Nur Schwarze Löcher können das und die sanfte Totalreflexion. Und wer genau wissen will, wie es geht, der leuchtet die Wasseroberfläche von unten in einem sehr flachen Winkel an (s. Abb. 2).

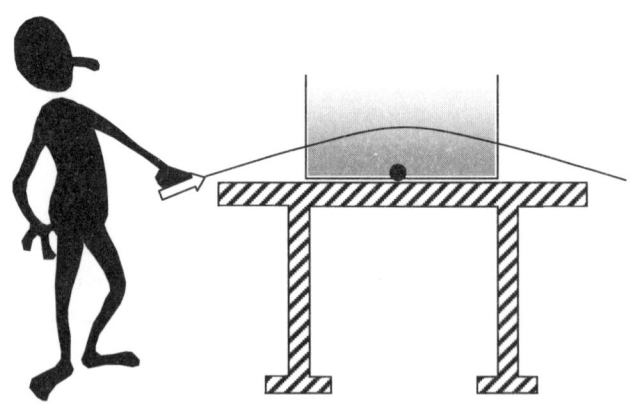

Abb. 2

Wenn Sie meinen, dass es bei Schwarzen Löchern ganz schön viele Unklarheiten gibt, dann darf ich Ihnen jetzt Schwarze Sterne präsentieren.

Was das ist?

Sekkieren[5] Sie wen anderen, woher soll ich das wissen? Aber es gibt Spekulationen.

Wenn es um die Singularität geht, scheitert die Relativitätstheorie beim Schwarzen Loch. Das wissen wir schon, aber repetitio est mater studiorum. Weiß jedes Kind. Dort, bei der Singularität, müsste man eine Theorie der Quantengravitation heranziehen, die die Relativitäts- und die Quantentheorie unter einen Hut bringt. So eine Theorie gibt es aber noch nicht. In diesem Fall ist die Physik einmal sehr lebensnah. Man will etwas haben, was man braucht, aber man findet nichts. Kennt man vom Einkaufen.

Deshalb, weil man – physikalisch gesehen – nicht zur Singularität hinschauen kann, kann es sein, dass gar keine Schwarzen Löcher entstehen, sondern nur Schwarze Sterne. In der Quantentheorie gibt es keine punktförmigen Singularitäten – die kleinste Länge ist die Planck-Länge. Sie ist mit circa 10^{-35} Meter sehr, sehr klein.[6] Dort kann die Dichte zwar sehr groß werden, aber nicht unendlich. Zum Unterschied von einem Schwarzen Loch wird im Zentrum eines Schwarzen Sterns die Dichte nicht mehr unendlich. Das sind sozusagen die Loser unter den Schwarzen Löchern. Große Sterne, die im Endstadium ihres Lebens kollabiert sind, also unter der eigenen Schwerkraft zusammenbrechen, es aber nicht einmal zu einem Schwarzen Loch geschafft haben. Quasi zu faul, um ein Schwarzes Loch zu werden.

Und wenn wir schon bei schwarzen Dingen sind, die noch nie ein Mensch gesehen hat, hier gleich der nächste Patient.

---

5 *österr. für* quälen, belästigen
6 10^{-35} = 0,00000000000000000000000000000000001, also 35 Stellen hinter dem Komma

Es gibt nämlich nicht nur hinter den sieben Bergen sieben Zwerge, sondern auch in unserem Universum. Gelbe, rote, weiße, blaue, orange, braune und schwarze. Alles Zwerge. Und jetzt raten Sie einmal, welche man davon beobachten kann und welchen nicht.

Genau. Der Schwarze Zwerg ist natürlich wieder nur eine Idee.

Am Ende ihres Lebens blähen sich Sterne zu Roten Riesen auf. Das machen die einfach, darauf sind sie gar nicht besonders stolz, das ist wie bei den Menschen, im Alter wird man gern ein wenig dicker. Auch mit unserer Sonne wird das in etwa sieben bis acht Milliarden Jahren geschehen. In den Phasen maximaler Ausdehnung reicht die Sonne dann bis an die heutige Erdbahn heran. Das heißt, die Erde verschrumpelt dann wie eine Kletze[7] im Ofen. Die Oberfläche der Roten Riesen wird aber durch die Aufblähung kühler und leuchtet dann rötlich. Logisch, wenn die gleiche Energie eine größere Oberfläche heizen muss, dann wird es an der Oberfläche kühler. Vom roten Leuchten hat der Rote Riese auch seinen Namen.

Und was hat das alles mit Schwarzen Sternen zu tun? Ha? Nur Geduld.

Was nach der Aufblähung zum Roten Riesen passiert, hängt von der Masse des Sterns ab. Bei Sternen unter acht Sonnenmassen – das ist für einen Stern nicht sehr viel – wird die äußere Hülle des Sterns in den Weltraum abgestoßen, und es bleibt nur der innere heiße Teil übrig. Diesen Rest des Sterns nennt man Weißer Zwerg, quasi ein geschälter Heißsporn. Er ist einerseits sehr klein und andererseits sehr heiß und kühlt durch Strahlung in den Weltraum wie ein verglimmendes Glutstück über Jahrmilliarden langsam ab.

So, jetzt haben Sie brav gewartet, jetzt kommt die Belohnung. Wenn ein Weißer Zwerg sich so weit abgekühlt hat, dass er prak-

---

7   *österr. für* Dörrbirne

tisch kein sichtbares Licht und schließlich auch keine Wärme mehr abstrahlt, wird er zu einem sogenannten Schwarzen Zwerg. Der Schwarze Zwerg ist quasi der unverwertbare Rest eines Sternenbegräbnisses. Das, was niemand haben will und niemand braucht. Nach der vorherrschenden Meinung ist das Universum mit seinen 13,7 Milliarden Jahren aber noch nicht alt genug, um solche Schwarze Zwerge hervorgebracht zu haben, die praktisch gar nichts mehr abstrahlen. Man könnte Schwarze Zwerge auch nur indirekt durch deren Schwerkraft nachweisen, weil sie ja keine Strahlung aussenden. Das heißt, da hat etwas einen Namen, das es gar nicht gibt, und wenn es es gäbe, könnte man es nicht beweisen, sondern wäre auf Zeugenaussagen von der Schwerkraft angewiesen.

Damit Sie aber nicht glauben, in der Physik ist alles nur dann ein bisschen ungewiss, wenn das Adjektiv *schwarz* davor steht, habe ich einen Trost für Sie parat. Wenn das Adjektiv *dunkel* auf den Plan tritt, wird es noch viel schlimmer, wie wir im nächsten Kapitel sehen werden.

Kapitel 2: Materie

Wenn die Science Busters ihre Show „Die Genussformel – Kulinarische Physik, mit Live-Schweinsbraten" spielen, dann schallen nicht nur die ABDULA-Rufe durch den Rabenhof, sondern dann ist das vor allem auch ein Fest der Sinne. In der Garderobe riecht es nach Knoblauch, in „antiviraler Dosis", nach Kümmel und zerstoßenem Koriander.

Und wenn Werner Gruber dann auf der Bühne den Braten einsalzt – und wenn ich salzen sage, dann meine ich salzen, so gesalzen, dass der Braten, wenn man ihn bei Glatteis vors Haus legte, sofort das Eis schmelzen würde – und die Schweinsschulter mit einem Viertelkilo Butter einschmiert, dann stockt dem Publikum erst mal der Atem, bevor er sich verflüssigt und als Speichel im Mund zusammenrinnt, wenn die Röstaromen auf der Bratenoberfläche endlich ihren Dienst antreten.

Der Live-Schweinsbraten, den wir im Laufe des Abends zubereiten, weist am Ende eine Kruste auf, auf der man steppen kann, und die so knusprig ist, dass sie zwischen Zunge und Gaumen zerspringt. Wenn das Publikum nach der Show die Bühne stürmt, um vom Braten zu kosten, müssen wir immer darauf achten, dass keine wundersame Fleischvermehrung stattfindet, weil die Menschen in ihrer Gier schnurstracks ins Elektromesser fassen.

Aber nicht erst der fertige Braten birgt Gefahren. Viele Menschen sind zu Hause schon zu Beginn des Bratvorganges ehrgeizig und wollen unbedingt die rohe Schwarte mit dem Messer traktieren. Und landen dann mitunter mit nennenswerten Schnittverletzungen im Krankenhaus. Manche nehmen sogar ein Stanleymesser oder ein Skalpell. Statt dass sie gleich zur Flex greifen.

Dabei kann man die Schwarte auch einschneiden, ohne die Krankenkassen zu belasten. Auf dem halben Weg zur knusprigen Kruste wird die Schwarte einfach weichgekocht, damit man sie leichter einschneiden kann. Dann lässt sich allerlei auf die Oberfläche schreiben, auch mit einem stumpfen Messer. Ein einfaches „Hallo", ein „Happy birthday" oder ein zärtliches „Ich liebe dich". Auch wenn man eine unerfreuliche Beziehung endgültig beenden will, ist der Schweinsbraten ein gutes Medium dafür. Man legt dem Partner einen Zettel auf den Tisch, mit dem Hinweis, das Essen wäre im Rohr, und auf der Schwarte steht dann: „Ich bin im Frauenhaus, du Sau."

Rezept für den perfekten Schweinsbraten

Sie müssen sich nur wirklich an das Rezept halten!

Man nehme: 1 Schweinsschulter (ca. 2,5 kg), 9 EL (gestrichen) Salz, kein grobes Salz, auch kein Meersalz, und reibt das Fleisch mit dem Salz ein. Ca. 10 Zehen Knoblauch schälen, vollständig zerdrücken und die Paste auf dem Fleisch verreiben. 2 EL Koriander zerstoßen und mit 2 EL Kümmel vermengen. Die Gewürze ebenfalls auf dem Fleisch verreiben. Das Fleisch in einen Kunststoffbeutel geben und die Gewürze und das Salz kräftig einmassieren. Das Ganze mindestens 24 Stunden – noch besser wären 48 Stunden – im Kühlschrank rasten lassen.

Nach den 24 bzw. 48 Stunden nimmt man eine große Kasserolle und legt das Fleisch mit der Schwarte nach unten hinein. Wasser dazugeben; das Wasser sollte ca. 3 bis 4 cm hoch stehen. Das Fleisch auf der Oberseite noch einmal mit ein paar Prisen Salz (ca. 2 gestrichene EL) würzen. Ein paar Butterflocken (von ca. 1/8 kg Butter) auf das Fleisch legen. Ins Rohr geben, Ober- und Unterhitze bei 180° C.

Nach 45 Minuten die Kasserolle herausnehmen und das Fleisch wenden. Die Schwarte ist nun weichgekocht und kann leicht eingeschnitten werden. Auf die Schwarte kommen wieder 2 gestri-

chene EL Salz und 1/8 kg Butter in Flocken. Wahlweise ein paar rohe geschälte Kartoffeln in das Wasser legen, wieder bei einem Wasserstand von ca. 3 bis 4 cm. Ins Rohr geben, Ober- und Unterhitze bei 180° C.

Nach ca. 2 Stunden sollte der Braten fertig sein. Ist die Schwarte noch nicht schön knusprig, haben Sie ein schlechtes Backrohr. Stellen Sie die Kasserolle auf die oberste Schiene und schalten Sie das Rohr auf die höchste Stufe. Lassen Sie den Braten mit der Schwarte so lange im Rohr, bis die Schwarte schön knusprig ist – das dauert ca. 10 Minuten.

Danach den Braten bei Raumtemperatur rund 25 Minuten rasten lassen. Wenn man den Braten vorher anschneidet, rinnt der wunderbare Saft heraus. Es wäre ewig schade darum!

Alle, die sich nun wundern, dass der Braten nicht übergossen wird, können im Buch „Die Genussformel" nachlesen, dort wird alles haargenau erklärt.[8]

Wofür auch immer Sie sich entscheiden, was Sie in jedem Fall brauchen, um einen Braten zu garen, ist Energie. Viel Energie, immerhin muss das Fleisch mindestens zwei Stunden im heißen Rohr verbringen.

Und Energie ist teuer und wird langsam knapp. Längst hat die Menschheit begriffen, dass sie sich nach alternativen Möglichkeiten, Energie zu gewinnen, umsehen muss. Die Rohölreserven gehen zur Neige, Kernenergie ist unbeliebt und unberechenbar, aber angeblich ist der Großteil unseres Universums voll mit Energie. Dunkler Energie. Warum nehmen wir nicht einfach die zum Kochen und Heizen?

Die Energie der Dunklen Energie beträgt leider nur etwa ein zehntelmilliardstel Joule pro Kubikmeter. Kann sich natürlich

---

8   Werner Gruber: Die Genussformel. Kulinarische Physik. Mit einem Vorwort von Johanna Maier und Illustrationen von Thomas Wizany. Ecowin: Salzburg 2008

niemand was drunter vorstellen. Das heißt, dass die gesamte Energie in einem Würfel mit 100 Kilometer Kantenlänge gerade ausreicht, um einen Topf mit einem Liter Wasser von Raumtemperatur zum Sieden zu bringen. Und das wäre schwierig einzulagern, wenn man den ganzen Winter damit heizen will.

Die mysteriöse Dunkle Energie ist das größte ungelöste Problem der modernen Physik. Sie stellt mit etwa 72 Prozent zwar den weitaus größten Anteil der gesamten Materie und Energie im Universum, aber man kann sie nicht sehen. Wahrscheinlich muss es sie aber geben, weil sich die Galaxienhaufen im Universum mit der Zeit immer schneller auseinanderbewegen. Und dafür ist Energie notwendig, weil die Anziehung der Schwerkraft zwischen den Galaxienhaufen überwunden werden muss. Mit Dunkler Energie.

Eine Energie, mit der man nicht einmal ordentlich Wasser kochen kann, wie soll die Galaxienhaufen bewegen? Das geht deshalb, weil der Raum zwischen den Galaxienhaufen gigantisch ist.

Dass sich die Galaxienhaufen immer schneller auseinanderbewegen, weiß man aus indirekten Beobachtungen. Durch die Beobachtung von Supernovae, also Sternenexplosionen, lässt sich feststellen, dass sich das Universum früher langsamer ausgedehnt hat als heute. Und um den Geschwindigkeitsunterschied zu erklären, ist die Dunkle Energie erfunden worden, von der kein Mensch weiß, was das ist. In der Schule bekommt man für so was ein Minus und der Lehrer sagt: „Wenn du dich nicht mehr anstrengst, sehe ich schwarz am Ende des Jahres."

Und wenn die ominöse Dunkle Energie 72 Prozent des Universums ausmacht, woraus ist dann der Rest? Aus Dunklen Zwergen und Dunklen Löchern? Dunklem Gixigaxi, das man sich bitte einfach vorstellen soll, wie man will, mit Brille, Schnurrbart und einer Warze auf der Nase mit einem Haar drauf?

Ganz so schlimm ist es nicht. Kommen wir zurück zu unserer zweiten Singularität, dem Urknall. Wir erinnern uns, am Beginn sah unser Universum so aus:

Aber schon wenig später sah es so aus:

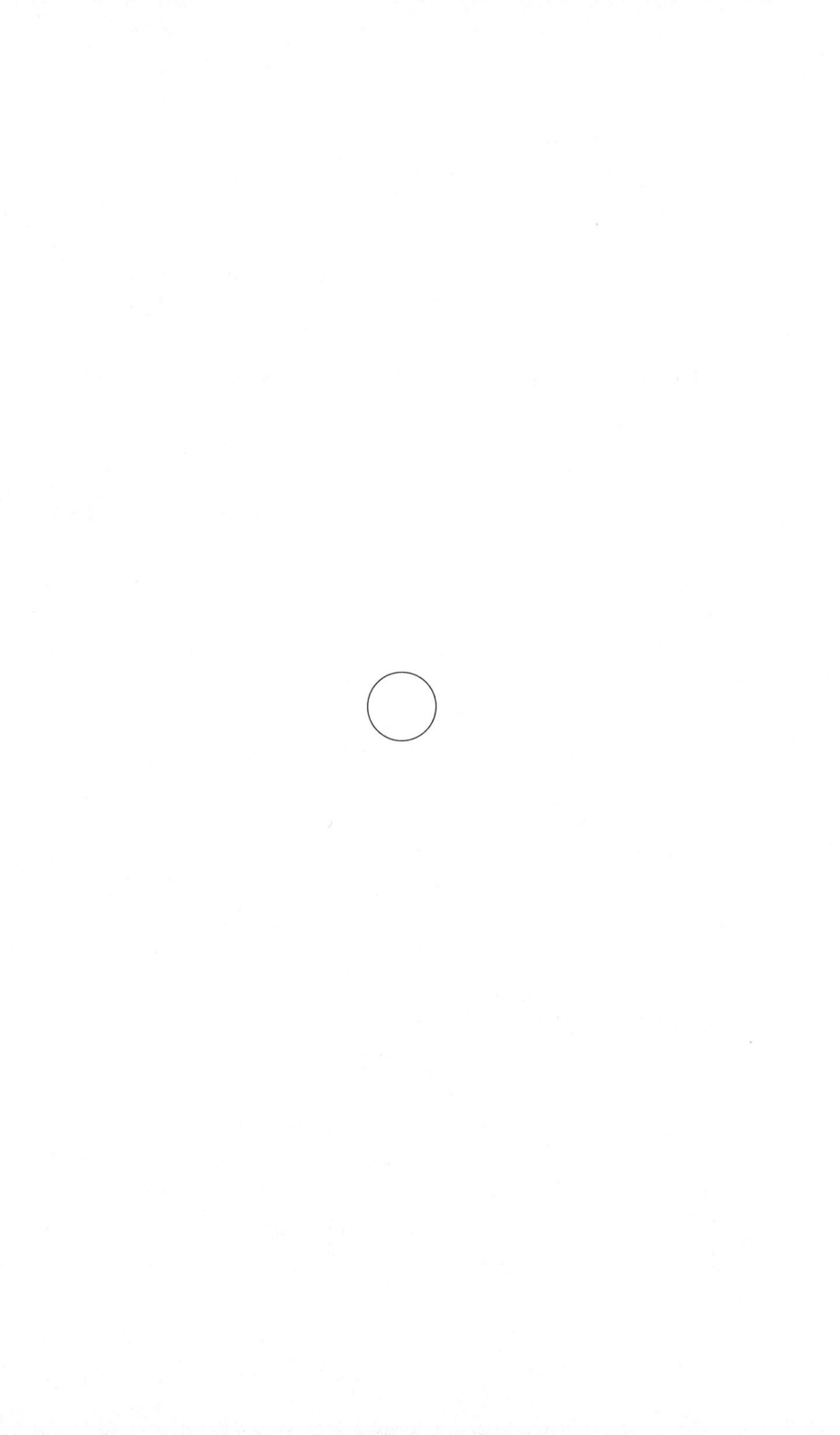

Ein Kreis mit einem Zentimeter Durchmesser. Genauer gesagt sah es 10^{-30} Sekunden nach dem Urknall so aus. Ein Zentimeter scheint nicht viel zu sein, aber für ein Universum, das in der ersten 10^{-43}-tel Sekunde noch punktförmig war, ohne Raum und Zeit, ist das eine tolle Leistung. Verzehnhochfünfzigfachen Sie einmal Ihre Ausdehnung in 10^{-30} Sekunden, dann reden wir weiter.

Die Darstellung ist natürlich sehr schematisch. Das Universum war sicher nie ein schwarzer Kreis auf weißem Grund. Das immerhin wissen wir. Wir gehen heute davon aus, dass unser Universum, und überhaupt alles in ihm, also eben auch Zeit und Raum, im Urknall seinen Anfang hatte. Und dann wurde es sehr schnell sehr viel größer.

Unter „Knall" versteht man im Fall des Urknalls das Freisetzen von Energie. Im ersten Bruchteil einer Sekunde nach dem Beginn des Universums wurde extrem viel Energie frei. Das führte zu einer plötzlichen gewaltigen Ausdehnung des gesamten Raums mit Überlichtgeschwindigkeit.

Jetzt geht das wieder los, werden Sie sich denken: Überlichtgeschwindigkeit. So was gibt es überhaupt nicht in echt, zumindest laut Einstein.

Gibt es doch. Diese überlichtschnelle Ausdehnung steht nicht im Widerspruch zur Speziellen Relativitätstheorie. Die Relativitätstheorie verbietet zwar eine überlichtschnelle Bewegung eines Objekts im Raum. Sie gilt aber nicht für eine überlichtschnelle Ausdehnung des Raums selbst. Das heißt, wenn unter den speziellen Bedingungen eines Urknalls Raum und Licht um die Wette laufen, hat das Licht keine Chance.

Nach dem Urknall wurden im winzigen Bruchteil einer Sekunde alle Entfernungen um den unvorstellbar riesigen Faktor von mindestens 10 hoch 50 ausgedehnt. „10 hoch 50" entspricht einer Zahl mit 50 Nullen hinter der Eins. Diese Zahl nennt man aber nicht, wie zu erwarten wäre, eine Fantastilliarde – und geht beim Physiker, der so was behauptet, Fieber messen –, sondern sie hat tatsächlich quasi einen Namen: 100 Oktillionen, mit halb so vielen Stellen vor dem Komma wie ein Googol. Und Googol ist kein schleimiges Monsterwesen aus „Herr der Ringe", sondern steht für 10 hoch 100.

Aufgrund seiner Monstrosität nennen manche ein Googol auch eine Godzillion. Die Suchmaschine Google wurde bezeichnenderweise nach Googol benannt. Das Besondere an Googol ist, dass es im gesamten beobachtbaren Universum überhaupt nur circa 10 hoch 80 Atome gibt. Damit ist Googol das erste Zahlwort diesseits der Unendlichkeit, für das es keine Entsprechung mehr in der sichtbaren Welt gibt. Und wozu braucht man Googol eigentlich? Zum Rechnen natürlich, das hätten Sie sich aber auch selber denken können.

Die Phase der extrem raschen Expansion des Universums nennt man übrigens das inflationäre Universum oder auch nur einfach Inflation, also Aufblähung. Danach war unser Universum glattgebügelt, über große Distanzen gleichmäßig. Natürlich gibt es, genauer besehen, auch Unregelmäßigkeiten, es gibt ja Planeten, Galaxienhaufen und so weiter, aber wenn man über Milliarden von Lichtjahren mittelt, ist das Universum extrem gleichmäßig und es existieren überall die gleichen Strukturen.

Im Weiteren hat sich das Universum bis heute vergleichsweise nur noch sehr gemächlich ausgedehnt. Man kann sich das ungefähr so vorstellen: Ein Kind bekommt zu Weihnachten eine Playmobil-Ritterburg geschenkt. Am Anfang ist alles sehr kompakt, aber dann wird das Geschenk geöffnet, und mit der Zeit verteilen sich die Ritter und Hellebarden und Rüstungen und so weiter in der gesamten Wohnung. Mehr oder weniger gleichmäßig, an manchen Stellen ist die Dichte höher, wenn zum Beispiel ein Ritter mit Pferd unter dem Sofa liegt, und ein Ende ist nicht abzusehen.

So weit, so gut. Aber jetzt geht es schon los.

Dass das Universum gleichmäßig wäre, ist heute ganz schön umstritten. Weil, wenn das so wäre, bräuchte man dafür als

Erklärung nicht nur die Dunkle Energie, sondern auch noch die Dunkle Materie, von denen beiden niemand genau sagen kann, was das eigentlich sein soll. Zusammen machen sie angeblich rund 96 Prozent des Universums aus, und es ist wirklich peinlich, dass wir einfach keine Ahnung haben, was das für ein Zeug ist, aus dem der allergrößte Teil unseres Universums besteht.

Dunkle Materie

Die sogenannte Dunkle Materie ist ungefähr sechsmal häufiger als die normale Materie, aus der wir selbst, der Sessel, auf dem wir sitzen, das Haus, in dem wir uns befinden, oder die Erde, auf der wir leben, bestehen.

Woher wissen wir das? – Die Milliarden Sterne in einer Galaxie bewegen sich alle in etwa kreisförmig um deren Zentrum. Die Anziehung dieser Sterne durch die Gravitation der normalen Materie wäre viel zu schwach, um diese auf ihren Bahnen um das Zentrum der Galaxie zu halten. Sie würden wie beim Loslassen des Hammers beim Hammerwurf aus der Galaxie hinausfliegen. Es muss daher wesentlich mehr Materie geben, die durch ihre Gravitation die Sterne in einer Galaxie auf eine Kreisbahn um ihr Zentrum zwingt. Diese zusätzliche Materie nennt man Dunkle Materie.

Aber wieso zeigt sich die Dunkle Materie, wenn sie so viel häufiger als unsere Materie ist, dann nicht auch in unserem Alltag? – Unsere Materie ist durchsichtig für die Dunkle Materie, so wie eine Glasscheibe durchsichtig für Licht ist. Das heißt, die Dunkle Materie geht durch uns, durch die Gegenstände um uns und auch durch die Erde hindurch. Leider wissen wir bis heute noch nicht wirklich, woraus die Dunkle Materie besteht. Sie könnte aber aus bisher noch nicht entdeckten Elementarteilchen aufgebaut sein.

Und damit nicht genug, seit kurzem gibt es auch noch einen Dunklen Fluss, von dem – erraten! – niemand weiß, wo er herkommt.

Schwarze Löcher, Schwarze Sterne, Schwarze Zwerge, Dunkle Materie, Dunkle Energie, Dunkler Fluss. Sie sehen schon, immer wenn es in der Physik schwarz und dunkel wird, haben die Physikerinnen und Physiker etwas zu verbergen.

Dazu kommen auch noch Spekulationen, dass die Dunkle Materie und die Dunkle Energie eigentlich gar nicht existieren, dass es in unserem Universum vielleicht jenseits des kosmischen Horizonts überdichte Massekonzentrationen geben könnte.

Was heißt das? Das heißt, dass die Inflation nicht überall im Universum gleichermaßen alles glattgebügelt hat. Dass vor der Inflation vielleicht alles ganz anders war, und wir können es nur nicht beobachten. Vielleicht leben wir nur mitten in einem Loch eines Schweizer Käses, der uns unsichtbar umgibt. Mahlzeit.

Ganz schön verwirrend, ganz schön viele Vielleichts, und das nennt sich auch noch Wissenschaft. Impertinent!

Aber so ist es eben in den Naturwissenschaften, dass sich der Stand des Wissens ständig ändert beziehungsweise die Interpretation des Wissens. Wissenschaft ist das, was „Wissen schafft", also die Methode, mit der man Wissen gewinnt. Die wichtigste Tugend der Wissenschaft ist Kritik. Was mit wissenschaftlicher Methodik, das heißt durch Überprüfung und Kritik von anderen Wissenschaftlern, erarbeitet wurde, kann auch den Anspruch erheben, Wissenschaft zu sein. Diese Methode ist zwar – wie die Demokratie – nicht perfekt, aber es gibt nichts Besseres, um unseriöse Forschung oder manchmal sogar Betrug auszuschließen. In der Wissenschaft werden alle Entdeckungen und Erkenntnisse ununterbrochen von allen beteiligten Wissenschaftlerinnen und Wissenschaftlern fortlaufend überprüft, kritisiert, modifiziert und verbessert. Daher können sämtliche Ergebnisse und Erkenntnisse in der Wissenschaft auch nur vorläufig sein.

Aber Obacht! Das heißt nicht zwangsläufig, dass die Physik ungenau ist. Im Gegenteil. Eigentlich ist sie sehr genau. Aber warum gibt es dann immer wieder neue Erkenntnisse? Kann man nicht einmal genau hinschauen und dann ist Schluss?

Wenn wir etwas messen, erhalten wir ein Messergebnis. Dieses Messergebnis ist aber nie perfekt. Die Gründe dafür können vielfältig sein: Das Messgerät ist nicht fehlerlos und in den seltensten Fällen geeicht, das Eichnormal wurde wiederum mit Fehlern auf das Messgerät übertragen, das heißt, es gibt einen Einfluss des Messgeräts auf die Messung, Instabilitäten der Messgröße während der Messung, Einflüsse auf das Experiment, Digitalisierungsfehler oder Ablesefehler und so weiter und so fort. Da brauchen Sie sich gar nicht zu bemühen und absichtlich einen Fehler machen, schon ist alles falsch. Aber auch alles richtig, weil es immer darauf ankommt, wer wann womit misst. Eine Messung vor 100 Jahren war zu ihrer Zeit genauso richtig, wie es eine Messung heute ist, aber die Umstände der Messung haben sich geändert.

Wir können mithin sagen, dass eine Messung uns alles liefert, nur kein genaues Ergebnis. Eigentlich eine Frechheit für eine exakte Naturwissenschaft. Aber: in der Physik können wir sagen, wie ungenau das Ergebnis ist. Das heißt, wir wissen, warum wir einen Fünfer für die Schularbeit bekommen, nämlich weil wir nichts gelernt haben?

Nein. Damit können wir einen Bereich angeben, in dem das Messergebnis liegt, und diesen Bereich kann man sehr exakt angeben. So kann man sagen, dass das Messergebnis zu 66 Prozent in einem speziellen Bereich liegt. Die hohe Kunst ist es nun, diesen Bereich immer mehr zu verkleinern – das tun Experimentalphysiker. Sie sind die Spezialisten für Messfehler. Eigentlich sollte man besser von Messungenauigkeiten oder Messabweichungen sprechen, denn Physikerinnen und Physiker machen ja beim Experiment keine bewussten Fehler.

Mit der Entwicklung neuer Verfahren nimmt die Messungenauigkeit immer mehr ab. Damit können aber Theorien ein Problem haben. Ein schönes Beispiel ist die Periheldrehung des Merkurs. Der Merkur kreist auf einer Ellipse um die Sonne. Allerdings dreht sich auch diese Ellipse. Das heißt, auch der sonnennächste Punkt der Ellipse (das Perihel) kreist zusätzlich um die Sonne. Die Newton'sche Gravitationstheorie konnte diese Messung nicht erklären. Erst die Relativitätstheorie von Einstein stimmte mit dieser Messung überein.

So gibt es auch immer einen Wettstreit zwischen der Theorie und dem Experiment. Die Experimentalphysiker testen und überprüfen Vermutungen und liefern Ergebnisse, mit denen die Theoretiker am Anfang nichts anfangen können, worauf die Theoretiker nach einiger Zeit eine Theorie liefern. Diese Theorie muss nun bestätigt werden. Das geht aber nicht. Nach Popper kann eine Theorie nur falsifiziert werden, aber nicht verifiziert. Das heißt, eine Theorie kann man mit einem Experiment nicht bestätigen. Es zeigt nur, dass die Theorie innerhalb der Fehlergrenzen den richtigen Wert liefert. Findet man aber ein einziges Experiment, das ein anderes Ergebnis liefert, als die Theorie vorhersagt, ist die Theorie gestorben. Sprich: die Theoretiker sind sauer und müssen sich was Neues einfallen lassen.

Zur Relativitätstheorie etwa gibt es bis heute kein Experiment, das der Theorie widerspricht. Mit einer kleinen Ausnahme: die Pioneer-Anomalie. Die besagt, dass die beiden Raumsonden Pioneer I und II sich eine Spur zu langsam aus dem Sonnensystem hinausbewegen. Mit anderen Worten: sie trödeln. Möglicherweise gibt es einen noch unbekannten physikalischen Effekt. Schauen wir mal, was den Theoretikern dazu einfällt. Wahrscheinlich was mit schwarz oder dunkel, jede Wette.

Andererseits kann eine Theorie auch Ideen zu neuen Experimenten liefern, an die vorher noch niemand gedacht hat. Als die Urknalltheorie aufkam, war sie, gelinde gesagt, nicht sehr populär, um genau zu sein, man hielt gar nichts von ihr. Allerdings lieferte sie eine Vorhersage von etwas, das bisher noch niemand gemessen hatte – die Kosmische Hintergrundstrahlung.

Kosmische Hintergrundstrahlung

Die Kosmische Hintergrundstrahlung ermöglicht es uns, in eine Zeit nur 400.000 Jahre nach dem Urknall zurückzuschauen. Damals war unser Universum mehr als 100.000-mal jünger als heute. Wir können mithilfe der Kosmischen Hintergrundstrahlung deshalb in die Vergangenheit sehen, weil jedes astronomische Teleskop auch eine Zeitmaschine ist. Stellen wir uns die Explosion eines Sterns vor, der 1000 Lichtjahre von uns entfernt ist. In diesem Fall braucht das Licht 1000 Jahre, bis es zu uns kommt. Das heißt, wir sehen den Stern nicht so, wie er jetzt ist, sondern wie er vor 1000 Jahren war. Und genau so können wir mithilfe der Kosmischen Hintergrundstrahlung fast bis zur Entstehung unseres Universums zurückschauen und daraus Schlüsse ziehen, wie unser Universum damals war.

Die Kosmische Hintergrundstrahlung besteht aber nicht aus sichtbarem Licht, sondern aus Mikrowellen-Strahlung, wie in unserer Mikrowelle zu Hause. Man verwendet zur Beobachtung der Kosmischen Hintergrundstrahlung daher auch keine Fernrohre, sondern Radio-Teleskope, die Mikrowellen empfangen können.

Je mehr Experimente es gibt, die mit einer Theorie übereinstimmen, umso wahrscheinlicher ist es, dass eine Theorie stimmt. Und deshalb hat sich erst einmal auch niemand geschreckt, als Alexander Kashlinsky vom Goddard Space Flight Center der Nasa in Greenbelt, Maryland, 2008 auf einmal mit dem Dark Flow daherkam, mit dem Dunklen Fluss. Ganz im Gegenteil.

Was aber ist der Dunkle Fluss und wo fließt er hin?

Unter dem Dunklen Fluss versteht man, dass sich in unserem Universum Hunderte Galaxienhaufen in einer Länge von Milliarden von Lichtjahren mit großer Geschwindigkeit in eine ganz bestimmte Richtung bewegen. Und wohin? Weiß man nicht ganz ge-

nau. Also, man kennt die Richtung, es geht in Richtung des Sternbilds Centaurus. Und zwar mit bis zu 1000 Kilometern pro Sekunde. Wenn Sie das im Ortsgebiet probieren, brauchen Sie nicht
zu hoffen, dass Sie Ihren Führerschein in diesem Leben noch einmal wiederbekommen. Andererseits gibt es natürlich auch keine
Polizei und keine Radarpistolen, die so eine Geschwindigkeit
messen und am Display darstellen könnten.

Der Dunkle Fluss hat keinen Düsenantrieb eingebaut, sondern
ein solcher Fluss muss durch irgendeine Kraft angezogen werden.
Diese kann wahrscheinlich nicht von unserem eigenen Universum
kommen, weil das wahrscheinlich keine so hohen Konzentrationen
von Materie aufweist, die eine solche Gravitationskraft ausüben
könnten. Tatsächlich könnte also diese Kraft von einem Paralleluniversum ausgeübt werden. Also sind wieder einmal die Auslän-
der schuld. Und woher weiß man das? Wieder einmal gar nicht.

Es ist auch nur eine Erklärungsmöglichkeit unter mehreren.
Aber es handelt sich trotzdem nicht um reine Hirngespinste, die Behauptung fußt auf Beobachtungen. Auf Beobachtungen der Kosmischen Hintergrundstrahlung, die uns aus dem Weltall erreicht. Die
Kosmische Hintergrundstrahlung ist das, was wir heute noch vom
Urknall messen können, quasi das Echo des Urknalls. Das Echo des
Urknalls wird zwar mit Airplay im Radio gespielt, es wird aber
trotzdem nie den Grand Prix der Volksmusik gewinnen, es handelt
sich nämlich um Weißes Rauschen, zu dem man nur sehr schlecht
schunkeln kann. Etwa zehn Prozent des Weißen Rauschens, das wir
auch im Radio hören können, stammt vom Urknall. Es besteht aus
Photonenstrahlung aus dem Frühstadium unseres Universums. Und
diese Strahlung wird durch Galaxienhaufen, die sich durch sie
durchbewegen, verändert. Man kann daraus schließen, in welche
Richtung und mit welcher Geschwindigkeit sich die Galaxienhaufen
bewegen. Der Weg geht möglicherweise in Richtung Paralleluniversum. Und das wäre eine Sensation. Es würde nämlich auch bedeuten, dass ein solches Paralleluniversum irgendwie mit unserem
Universum verbunden sein muss.

Denkt man sofort: typisch Mensch. Kaum hat er irgendwo ein unberührtes Plätzchen entdeckt, schon schmeißt er seine alten Galaxienhaufen hin und verschandelt alles. Und wenn das Paralleluniversum dann in die EU will, können wieder wir Nettozahler die Sanierung der Deponie zahlen.

Ganz so schlimm ist es nicht. Schließlich handelt es sich nur um erste Beobachtungen, und außerdem fließt der Dunkle Fluss, selbst wenn er auf den Rand unseres Universums zuhält, nicht aus diesem hinaus. Das kann er gar nicht, weil die Gravitationsquelle, die ihn anzieht, sehr wahrscheinlich eine andere Dimension hat als unser Universum. Deshalb gibt es zwar vielleicht einen Zusammenhang zwischen den beiden Universen, aber keine direkte Verbindung. Ja, so ist das, in dieses Paralleluniversum werden wir nie auf Urlaub fahren können. Leider.

Angeblich ist auch unsere Milchstraße als Nachhut des Dunklen Flusses in Richtung des Sternbilds Centaurus unterwegs.

Dass wir uns heute mit dem Dunklen Fluss wichtig machen und über ein Paralleluniversum spekulieren, ist ganz schön unbescheiden, wenn man davon ausgeht, dass wir nicht einmal das können, was jedes Kind nach kurzer Zeit kann: sagen, wie groß sein Heimatland ist. Wenn wir, nur mal angenommen, bei einem intergalaktischen Chat ein außerirdisches Wesen kennenlernen und zu uns auf einen Kaffee einladen möchten, könnten wir nicht einmal genau sagen, wie es zu uns findet. Die Größe der Milchstraße ist nämlich einigermaßen variabel. Welche Ausfahrt bei der Milchstraße soll das Wesen mit seinem Raumschiff nehmen, damit es den kürzesten Weg erwischt? Wissen wir nicht, weil wir nicht genau wissen, wie groß die Milchstraße ist.

Die Milchstraße besteht – neben unserer Sonne – aus weiteren 100 bis 300 Milliarden Sternen und hat eine Spiralstruktur. Sie haben recht, 100 bis 300 Milliarden ist nicht extrem präzise, mit einer solchen Unschärfe käme man bei keiner Mathematikschularbeit durch. Aber wir wissen einfach nicht genau, wie viele Sterne die Milchstraße enthält. Schlampig gezählt?

Nein. Das liegt daran, dass sich zwischen den Sternen in der Milchstraße ausgedehnte Staub- und Gaswolken befinden, die uns einen Blick auf einen Großteil der Milchstraße verwehren. Aus demselben Grund ist es auch schwierig festzustellen, wie viel Arme die Milchstraße genau hat. Aktuelle Messungen haben ergeben, dass die Milchstraße nicht – wie bisher angenommen – vier, sondern nur zwei große Spiralarme besitzt. Einfach so.

Bei den Ausdehnungen der Milchstraße sind zwei Spiralarme aber nicht nichts. Wie kann man die übersehen? „Das waren Hypothesen", sagt die Physik. Aha. Die anderen beiden bisher angenommenen Spiralarme konnten einfach nicht nachgewiesen werden. Und deshalb gibt es sie auf einmal nicht mehr.

Diese neue Erkenntnis wurde möglich, weil man die Milchstraße nicht im sichtbaren Licht, sondern mit einem Weltraumteleskop im Infrarotbereich beobachtet hat. Also quasi mit dem Nachtsichtgerät. Im Infraroten kann man nämlich auch durch die Staubwolken hindurchsehen. Das heißt, man kann die Milchstraße jetzt im Dunkeln ohne ihr Wissen beobachten. Mit anderen Worten, man kann Astronomen salopp als kosmologische Spanner bezeichnen. Vielleicht inseriert die Milchstraße ja bald in einschlägigen Boulevardzeitungen, wenn sie draufkommt, dass sie ein paar einsamen Astronomen gegen ein Körberlgeld[9] eine Freude machen kann. „Blutjunge tabulose Galaxie öffnet nackt."

So profan ist diese neue Erkenntnis allerdings gar nicht, weil sich aufgrund der neuen Ergebnisse auch sagen lässt, dass es weniger Dunkle Materie gibt als bisher vermutet. Wenn es sie gibt. Natürlich.

Wer jetzt angesichts dieser Fülle von Ungewissheiten aus Verzweiflung zur Schnapsflasche greifen möchte, der ist in der Milchstraße allerdings richtig. Weil zu saufen gibt es in unserer Galaxie mehr als genug.

---

9   *österr. für* Zubrot

Sterne, Galaxien, Galaxienhaufen

Sterne sind Sonnen, die so weit entfernt von uns sind, dass sie uns punktförmig und nicht wie unsere Sonne scheibenförmig erscheinen.

Galaxien sind Ansammlungen von bis zu Hunderten Milliarden Sternen, die durch Gravitation gebunden sind. Die Galaxie, der wir angehören, heißt Milchstraße und besteht aus 100 bis 300 Milliarden Sternen.

Galaxienhaufen sind Ansammlungen von Galaxien, die durch die Gravitationskraft zusammengehalten werden.

Dunkler Fluss

Der Dunkle Fluss ist eine Bewegung von Hunderten Galaxienhaufen, die nicht direkt messbar oder gar von der Erde aus sichtbar ist. Sie manifestiert sich jedoch in Form von schwachen Temperaturschwankungen in der Kosmischen Hintergrundstrahlung.

Multiversum

Die Annahme der Vorstellung eines Multiversums, bestehend aus beliebig vielen Paralleluniversen, wird in letzter Zeit von immer mehr Astronomen, Kosmologen und Astrophysikern favorisiert. Beim Urknall existierte zunächst ein Quantenschaum, das heißt ein Zustand, bestehend aus entstehenden und wieder verschwindenden Elementarteilchen. Ein bestimmter, zunächst ganz winziger Bereich hat sich dann durch die Inflation zu einem gigantischen Universum aufgebläht. Unter Inflation (lateinisch: Aufblähung) des Universums versteht man, dass sich das Universum kurz nach dessen Entstehung extrem schnell ausgedehnt hat. Aus verschiedenen Bereichen in diesem Quantenschaum können auf diese Weise aber nicht nur ein Universum, sondern immer wieder beliebig viele neue Universen entstehen.

Kapitel 3: Leben

Heinz Oberhummer züchtet Alpakas. Das sind südamerikanische Hochlandkamele, deren Fell eine besonders feine Wolle liefert. Aber er züchtet sie nicht wegen der Wolle oder um sie zu verzehren, sondern Heinz Oberhummer hat auf seinem Bauernhof Alpakas, um sie zu füttern und zu streicheln. Alpakabauer ist er, seit er emeritiert worden ist. Davor beschäftigte er sich jahrelang an der TU Wien mit Theoretischer Physik, Astrophysik, Teilchenphysik, Didaktik der Physik, Kosmologie und und und. Schaut ein bisschen danach aus, als ob Heinz Oberhummer überall so lange lästig war, bis er irgendwo Professor geworden ist. Bekommen hat er seine Professur schließlich für Theoretische Physik, wahrscheinlich, weil der Andrang dort am geringsten war.

Der Blockbuster seiner Forscherkarriere heißt „Kosmologische Feinabstimmung". Sie besagt im Wesentlichen, dass die Werte von grundlegenden physikalischen Parametern im Universum für das Leben optimiert und begünstigt sind beziehungsweise die Existenz von Leben überhaupt erst ermöglichen. Würden sich manche Naturkonstanten in unserem Universum nur minimal von ihrem tatsächlichen Wert unterscheiden, wäre ein totes und steriles Universum ohne Leben entstanden. Wir alle wären nicht da, Sie nicht, wir nicht und damit auch dieses Buch nicht. Wenn Sie mich fragen, klingt die These der „Kosmologischen Feinabstimmung" wie eine Heurigentheorie. Jemand sitzt im Ruderleiberl und mit einem weißen Spritzer[10] am Heurigentisch und sagt: „Wenn es anders wäre, wäre es anders." Tatsächlich wurde diese Arbeit aber in der renommierten Wissenschaftszeitschrift „Science" publiziert und Heinz

---

10 Weißweinschorle

Oberhummer dem Vernehmen nach[11] dafür sogar für den Physik-Nobelpreis nominiert. Bekommen hat er ihn bekanntlich nicht, vielleicht auch deshalb, weil die TU Wien noch nie für irgendetwas jemals einen Nobelpreis bekommen hat. Und mit dieser schönen Tradition wollte Stockholm wohl nicht brechen.

Die Frage, warum Leben in unserem Universum entstanden ist, können wir natürlich wieder nicht beantworten, aber *wie* es begonnen haben könnte, wissen wir heute. Sehr wahrscheinlich.

Starten wir mit einem Witz, denn als solcher entpuppt sich das Leben letztlich ja sehr oft auch.

Also: Kommt ein Kosmologe ins Wirthaus zum Goldenen Urknall und bestellt eine Suppe. Der Kellner serviert, worauf der Kosmologe sich beschwert: „Herr Ober, da ist ein H in meiner Ursuppe."

Sie merken es, naturwissenschaftliche Witze sind immer ein Bringer.

1953 führte der junge Chemiker Stanley Lloyd Miller eines der bemerkenswertesten Experimente der Geschichte durch. Er schüttete etwas Wasser in einen Kolben und erhitzte es. In den Kolben leitete er zusätzlich die Gase Methan, Wasserstoff und Ammoniak (im Verhältnis 2:2:1) ein. Den Geruch von Ammoniak kennen Sie vielleicht, so riecht es im Fußballstadion bei einem Champions-League-Finale nach der Pause im Herrenklo.

Durch den entstandenen Wasserdampf vermischten sich die Gase. Zusätzlich schickte Miller Strom durch das Gas und so erhellten Blitze die einfache Apparatur. Nach rund sieben Tagen Gewitter bildete sich an den Wänden des Kolbens eine goldbraune ölige Schicht. In dieser Schicht befanden sich Aminosäuren, verschiedene Zuckerarten und Harnstoff. Das Ergebnis klingt nicht

---

11 Offiziell erfährt man nicht, ob man nominiert wurde, aber es gibt immer wieder jemanden, der einem erzählt, dass er diesen oder jenen nominiert hätte.

besonders spektakulär. Aber aus einfachen Gasen und etwas Strom wurden die Basisbausteine des Lebens hergestellt. Die goldbraune ölige Schicht sind quasi unsere allerersten Vorfahren. Was nebenbei eine Menge über manche menschliche Verhaltensformen aussagt.

Aminosäuren sind die Basisstoffe des Eiweißes und damit für den Stoffwechsel besonders wichtig. Sie sind wie Legobausteine in Verbindung mit anderen einfachen Molekülen, aus denen ein Lebewesen besteht.

Der Materialwert für das Experiment betrug umgerechnet lediglich ein paar Euro. Damit war aber gezeigt, dass es zwangsläufig zur Vorstufe von Leben kommen muss, wenn die Grundbedingungen gegeben sind. Man benötigt nur Wasserstoff, Methan und Ammoniak und etwas Strom. Die drei Gase findet man überall im Universum. Der Strom dürfte aus Blitzen von Gewittern der Uratmosphäre gekommen sein und fertig.

Ein Hoffnungsschimmer für alle Menschen mit Kinderwunsch, die in Singlebörsen aber immer übrig bleiben. Sie können sich zu Hause Wasserstoff, Methan und Ammoniak auf den Wohnzimmertisch stellen, das Licht ein- und ausschalten und hauchen: „Lass uns Leben machen, und machen wir es auf dem Tisch."

Das Miller-Experiment hat die Welt bewegt. In der Folge stellte sich die Frage, wie aus diesen einfachen Molekülen des Lebens komplexere Strukturen entstanden sind. Diese Frage ist im Moment Gegenstand intensiver Forschungen.

Wasser, Methan, Alkohol

Zurzeit kennen wir nur Leben auf der Erde. Dieses basiert auf Kohlenstoff mit Wasser als Lösungsmittel. Aber wie könnte Leben vom Standpunkt der Chemie aus noch aussehen? Eine schwierige Frage, aber zum Glück gelten im gesamten Universum dieselben Naturkräfte.

Natürlich wäre es möglich, dass außerirdisches Leben nicht auf Kohlenstoff, sondern auf Silizium basiert. Silizium kann ähnlich viele Bindungen eingehen, es ist mit dem Kohlenstoff verwandt. Das Problem besteht darin, dass Siliziumverbindungen sehr stabil sind. Das heißt, einzelne Moleküle können sich nicht so leicht umwandeln. Für Leben ist aber nicht nur die Geburt, sondern auch der Wandel und der Tod wichtig. Viele Moleküle werden im menschlichen Körper im Laufe der Zeit mehrmals umgewandelt, bis sie den Körper endgültig verlassen und zerbrechen. Leben auf Siliziumbasis wäre daher sehr unflexibel.

Dadurch, dass Wasser als Lösungsmittel für Lebewesen dient, kann man einige Aussagen über außerirdische Welten machen. So dürfte eine „andere Erde" rund 70 bis 130 Prozent der Größe der Erde haben. Denn nur unter diesen Bedingungen kann sich Wasser als Lösungsmittel gleichzeitig fest, flüssig und gasförmig aufhalten: Eis, Wasser und Dampf.

Aber muss es unbedingt Wasser sein? Das Wasser sorgt dafür, dass sich einzelne Moleküle verbinden können. Durch die speziellen Eigenschaften des Wassers, wie zum Beispiel die Anomalie, das ist die geringste Dichte bei 4° C, können Lebewesen auch unter extremen Bedingungen existieren.

Nun hat man in unserem Sonnensystem große Mengen an flüssigem Methan gefunden. Theoretisch wäre es möglich, dass sich in diesen Methanseen organische Moleküle entwickeln können und daraus auch komplexe Lebewesen entstehen. Dieses Leben würde allerdings über langsame Verarbeitungsgeschwindigkeiten verfügen, es wäre also eher träge, denn die Temperaturen von flüssigem Methan liegen unter −162° C. Also werden sich die Moleküle nicht besonders schnell zu neuen komplexen Strukturen zusammenschließen. Noch ein anderes Lösungsmittel würde sich möglicherweise für Leben eignen: Alkohol. Doch darüber ist bisher nur spekuliert worden und die Wissenschaft beginnt erst jetzt, sich aktiv mit dieser Frage auseinanderzusetzen.

Ursuppe mit Aminosäuren und komplexen organischen Molekülen findet man nicht nur auf der frühen Erde, sondern überall im Weltraum zuhauf, in Gas- und Staubwolken rund um und zwischen den Sternen, in fernen Planetensystemen.

Ein Ort, an dem besonders viele dieser Molekülwolken zu finden sind, sind Dunkelwolken. Und jetzt kommt die Sensation, schnallen Sie sich an: Dunkelwolken kann man sehen. Da muss bei der Namensgebung ein Irrtum passiert sein.

Zu den bekanntesten Dunkelwolken gehören die sogenannten „Säulen der Schöpfung", die vom Hubble-Weltraumteleskop aufgenommen wurden. Der Name kommt daher, dass sich an den Spitzen der Säulen riesige Bereiche befinden, in denen ununterbrochen neue Sterne entstehen. In den Säulen gibt es übrigens nicht nur Wasser, Kohlenmonoxid und giftige Substanzen wie Blausäure und andere organische Verbindungen, sondern auch jede Menge Alkohol. Äthylalkohol, also Schnaps. Die Säulen der Schöpfung sind ein galaktischer Branntweiner.[12] Sie enthalten etwa 10^{19} (10 Milliarden Milliarden) Liter Äthylalkohol. Das ist eine riesige Menge. Damit würde die gesamte Menschheit, wenn jeder stündlich ein Stamperl Schnaps tränke, etwa eine Million Jahre auskommen. Wenn man dort in der Gegend ist, erst in einen Apfel beißt und dann mit offenem Mund in eine Säule hineinfliegt, kommt man am anderen Ende vermutlich mit einem sehenswerten Calvadosfetzen[13] wieder heraus.

Um allerdings in die Nähe der Säulen zu gelangen, muss man weit fliegen. Sie sind fast zehn Lichtjahre lang und etwa ein Lichtjahr breit und 7000 Lichtjahre von unserer Sonne entfernt. Wegen der gigantischen Entfernung und der Zeit, die das Licht für die Reise von dort zu uns benötigt, gibt es Spekulationen, dass wir die Säulen zwar noch beobachten können, sie aber bereits weggeblasen sind. Insofern wäre wieder alles in Ordnung mit der Namens-

---

12 Wirt einer Branntweinschenke
13 Fetzen: *österr. ugs. für* Rausch

gebung: Dunkelwolken sind dunkle Objekte, die es vielleicht gar nicht mehr gibt.

Aber, leider, da kommt schon der nächste Spielverderber daher, und die These, dass alles, was in der Physik *dunkel* und *schwarz* heißt, unbekannt und ungewiss ist, wankt gehörig. Ladies and Gentlemen, give a big hand to: Dark Life aka Dunkles Leben.

Dunkles Leben, das ist kein Euphemismus für das Treiben in einem gutbesuchten Dark Room, sondern der Name für eine besondere Lebensform. Unter uns Menschen leben jede Menge Bakterien. Aber nicht nur solche, die wir uns in der jährlich wiederkehrenden Grippezeit gegenseitig ins Gesicht niesen, sondern auch solche, die kein Licht zum Leben brauchen. Buchstäblich unter uns, bis zu fünf Kilometer unter unseren Füßen, in vollkommener Dunkelheit, im Erdinneren, leben Bakterien, deren Stoffwechsel ganz ohne Sonnenlicht funktioniert. Zum Teil handelt es sich dabei um Steinefresser, sie verdauen aber auch anorganische Verbindungen, beispielsweise Schwefel-, Eisen- und Manganverbindungen. Und es sind viele. Über 50 Prozent der Biomasse der Erde befindet sich als Dunkles Leben unter der Erdoberfläche. Immer wenn Umweltschutzorganisationen auf Pressekonferenzen das Artensterben beklagen, wird dabei ein Großteil der Lebewesen gar nicht berücksichtigt. Was macht das Dunkle Leben dort unten? Warum kommt es nicht herauf und sagt wenigstens grüß Gott? Niemand weiß es.

Die Fähigkeit, unter der Erdoberfläche ohne Photosynthese zu existieren, hat Spekulationen ausgelöst, ob das Leben auf der Erde nicht überhaupt aus der Tiefe gekommen ist. In ihren jungen, wilden Jahren, vor etwa 4,5 Milliarden Jahren, war die Erde eine Zeitlang permanent Meteoriteneinschlägen ausgesetzt, die ein Leben auf der Oberfläche unmöglich machten. Die Erde war zunächst ein Lavasee. Lavasee klingt romantisch, ist aber viel zu heiß zum Baden. Erst nach etwa einer halben Milliarde Jahren reduzierte sich die Zahl der Meteoriteneinschläge und die Erdoberfläche kühlte langsam ab. Aber noch immer zu heiß zum Baden, noch immer erst knapp unter 100 Grad Celsius. Es bildete sich zwar eine harte Kruste, trotzdem gab es noch genügend Bereiche, aus denen heiße Lava aus dem Inneren der Erde an die Oberfläche quoll. Durch Entgasung und über Vulkane gelangten Gase und Wasser auf die Oberfläche. Danach begann es zu regnen, mindestens 40.000 Jahre durchgehend. Einerseits praktisch, 40.000 Jahre lang derselbe Wetterbericht, andererseits kann man sich das Hallo vorstellen, als nach 39.999 Jahren und 359 Tagen die erste Sechs-Tage-Prognose durchgegeben wurde: endlich den Schirm daheimlassen können.

Das klingt alles sehr unwirtlich für unsere Ohren, aber im Vergleich zu den Gegenden, an denen in den letzten Jahren Leben entdeckt wurde, war die Erdoberfläche von damals für solche Bakterien schon fast ein Urlaubsparadies. Einfaches Leben auf der Erde hat man im Kühlwasser von Kernreaktoren entdeckt, in ausgetrockneten Salzseen, in eisbedeckten antarktischen Seen, in Schwefelsäurebädern von Erzminen, in der Nähe von vulkanischen Heißwasserschloten der Tiefsee und eben im Inneren von Tiefengestein bis zu fünf Kilometer unter der Erdoberfläche.

Und wenn dort Leben existieren kann, dann kann es das vielleicht auch in anderen unwirtlichen Gegenden unseres Sonnensystems. Etwa auf dem Mars. Wer allerdings glaubt, auch die Menschheit könne dereinst auf den Mars auswandern, wenn sie die Erde einmal ruiniert hat, der sollte das Kleingedruckte des Mietvertrags noch einmal genau lesen.

Der Luftdruck auf dem Mars beträgt nur etwa ein Prozent von dem auf der Erde, was zu wesentlich größeren Temperaturunterschieden führt. Sie liegen zwischen minus 85 Grad Celsius in der Nacht und 5 Grad Celsius am Tag. Im Winter ist es am Mars sowieso eiskalt, und ohne Magnetfeld und wegen der fast vollständig fehlenden Atmosphäre schießt die harte kosmische Strahlung fast ungehindert auf den Boden. Menschen würden dort mit der Zeit gegrillt. Außerdem ist der Mars rostig. Das ist juristisch betrachtet ein ernster Schaden des Hauses, dafür kann man den Besitzer vor Gericht haftbar machen. Wer so einen Mietvertrag unterschreibt, ist selber schuld.

Für Bakterien sieht die Lage allerdings anders aus. Und in der Tat gibt es mögliche Hinweise auf einfaches Leben auf dem Mars. Die NASA hat nicht nur Wasser auf dem Mars entdeckt, in Form von im Boden eingelagerten Wassereisschichten, die bis in eine Tiefe von etwa vier Kilometern reichen und eine Fläche in der Größe Europas bedecken – was ausreichen würde, um die gesamte Marsoberfläche mit einer elf Meter tiefen Wasserschicht zu bedecken –, sondern es wurde auch Methan entdeckt. Immer wieder finden gewaltige Methanausbrüche statt. Riesige Methanfahnen sprühen aus der Marsoberfläche hervor, im Marssommer binnen Wochen 150.000 Tonnen Methan. Erstaunlicherweise finden sich diese Methanvorkommen nur an ganz bestimmten Stellen.

Auf der Erde ist das Vorhandensein von Methan ein starkes Indiz für die Existenz von Leben. Methan ist ein Verdauungsprodukt, und wer verdaut, der lebt. Das kennt man von den Bubenzimmern im Schulschikurs, wenn mit dem Feuerzeug lautstark bläuliche Flammen entzündet werden. Hauptsächlich stammt Methan auf der Erde aber nicht aus Bubendärmen, sondern aus den Mägen von Rindern, wo es von Bakterien produziert und von den Kühen ausgeatmet wird. Wer jetzt allerdings vermutet, der Mars sei unterirdisch von rülpsenden Rinderherden besiedelt, liegt eher falsch. Das Methan könnten – von Kühen gänzlich unabhängige – Mikroben erzeugen, die, isoliert vom Permafrost, an der Marsoberfläche einen Gutteil des Jahres eingeschlossen sind. Das Methan könnte während des Marssommers dann aus Spalten in der Marsoberfläche entweichen, wenn die Sonne das Eis an der Marsoberfläche schmelzen lässt. Das ist eine Möglichkeit.

Es könnte aber auch altes Methan sein, einige Milliarden Jahre alt, aus der Zeit, in der der Mars noch geologisch oder biologisch aktiv war. Und jeden Sommer kommt dann ein bisschen was heraus aus dem Eis. Im Sommer 2012 soll eine NASA-Sonde am Mars landen, unter anderem, um zu untersuchen, woher das Methan stammt. Sollte es sich um Methan von Bakterien handeln, wäre das eine Sensation – dann hätte die Menschheit tatsächlich außerirdisches Leben entdeckt.

Prof. Oberhummer hat diesbezüglich mit einem seiner Kollegen eine Wette laufen um eine Magnumflasche Sekt, weil er überzeugt ist, dass wir Menschen innerhalb der kommenden zehn Jahre außerirdisches Leben entdecken werden. Wenn Sie Heinz Oberhummer im Sommer 2012 gutgelaunt mit einer Magnumflasche im Arm an einer Hausecke sitzen sehen, dann hat die NASA auf dem Mars diesbezüglich Erfolg gehabt.

Mars-Missionen

Mariner 9: 1971; USA
Mariner 9 war die erste irdische Sonde überhaupt, die in eine Umlaufbahn um einen anderen Planeten einschwenkte. Es wurden Fotos gemacht und die Oberflächentemperaturen und die Zusammensetzung der Atmosphäre bestimmt. Zu diesem Zeitpunkt tobte auf dem Mars der größte Staubsturm seit 1953, sodass die ersten Fotos nur die Gipfel einiger hoher Vulkane zeigten. Zu Beginn des Jahres 1972 klärte sich die Atmosphäre auf, und Mariner 9 begann den Mars zu kartieren.

Viking 1 & 2: 1976; USA
Diese beiden Missionen landeten auf dem Mars und führten Experimente zum Nachweis von Leben durch. An Bord des Landers waren drei biologische Experimente. Die Experimente lieferten kein eindeutiges Ergebnis darüber, ob organisches Leben auf dem Mars existiert oder nicht. Alle drei

Experimente beobachteten zwar Veränderungen, die durch organisches Leben hervorgerufen worden sein könnten. Die meisten Wissenschaftler sind aber mittlerweile zu dem Schluss gekommen, dass die beobachteten Ergebnisse durch chemische Reaktionen mit einem oder mehreren Bestandteilen des Marsbodens erklärt werden können.

Mars Pathfinder: 1996–1997; USA
Der Mars Pathfinder brachte das erste von Menschen gebaute motorisierte Fahrzeug auf die Marsoberfläche. Es bestand aus einer Landeeinheit mit Kameras und Messinstrumenten sowie einem nur 10,6 kg schweren Roboterfahrzeug (Rover) namens Sojourner. Bis zur letzten Übertragung am 27. September 1997 sendete Mars Pathfinder 16.500 von der Landeeinheit und 550 vom Rover aufgenommene Bilder zur Erde, außerdem chemische Analysen von Proben des Marsbodens von 16 verschiedenen Stellen sowie ausführliche Wetterdaten.

Mars Express Orbiter: 2003–?; Europa
Diese Mission entdeckte Wasser am Mars. Die im Boden eingelagerten Wassereisschichten reichen bis in etwa eine Tiefe von vier Kilometern und bedecken eine Fläche, die etwa der Größe Europas entspricht. Das würde ausreichen, um die gesamte Marsoberfläche mit einer elf Meter tiefen Wasserschicht zu bedecken. Der Lander Beagle 2, der auf dem Mars landen sollte, ging verloren.

Spirit und Opportunity: 2003–?; USA
Die beiden Landefahrzeuge führten geologische Untersuchungen der Marsoberfläche durch. Durch sie gelang der Nachweis direkt vor Ort, dass der Mars einst warm und feucht war. Es war auch das erste Mal, dass Sedimentgesteine eines fremden Planeten untersucht werden konnten.

2001 Mars Odyssey: 2001–?; USA
Im Mai 2007 hat man mit Kameras von Mars Odyssey auf
dem Mars sieben Höhlen mit 100 und 250 Meter weiten Öff-
nungen entdeckt, die am ehesten die Chance bieten, Organis-
men zu finden. Solche Kavernen bewahren am ehesten Eisan-
sammlungen, also lebensnotwendiges Wasser. Außerdem bieten Höhlen einen gewissen Schutz vor tödlicher kosmischer
Strahlung.

Mars Reconnaissance Orbiter: 2005–?; USA
Dieser Satellit entdeckte Rinnen, deren Auslöser herabrinnen-
des Wasser sein könnte.

Marssonde Phoenix: 2007–2008; USA
Diese Sonde landete auf dem Mars. Phoenix entdeckte bei der
Grabung mit seinem Roboterarm Wassereis.

Heinz Oberhummer hat es überhaupt mit Bakterien. Sein Lieb-
lingstier ist auch eines. Es heißt mit bürgerlichem Namen Deinococcus radiodurans. Noch einmal, zum Mitschreiben: Deinococcus radiodurans. Und einmal noch, dann können es wirklich alle
auswendig: Deinococcus radiodurans.
   Es gilt als eines der zähesten Lebewesen der Erde überhaupt.
Sein Spitzname lautet Conan, the Bacterium, nach der von Ar-
nold Schwarzenegger verkörperten Filmfigur Conan, die zwar
einfach im Gemüt, aber dafür hart im Nehmen ist. Das Bakterium
übersteht mehr als das Tausendfache der radioaktiven Strahlung,
die für Menschen tödlich wäre. Warum es das kann, ist nicht ganz
geklärt, denn auf der Erde braucht man solche Fähigkeiten jedenfalls nicht zum Überleben. Da ist das reine Angeberei. Im Weltall
wären das allerdings gute Skills, die radioaktive kosmische Strahlung, die auf der Erde vom Magnetfeld abgeschirmt wird, ist dort
sehr massiv.

Das heißt, wenn der Bakterien-Conan das überlebt, dann ist er vielleicht durchs Weltall auf die Erde gekommen. Eventuell ist das Leben also nicht auf der Erde entstanden, sondern von woanders eingewandert. Die Einwanderungsgesetze damals waren noch nicht so streng. Sie erinnern sich, die Erde war vor ein paar Milliarden Jahren eher unwirtlich. Es war heiß, mit viel Regen, aber es gab noch keine Antibiotika. Das könnte außerirdischen Bakterien gut gefallen haben. Die dazu passende Hypothese, die Panspermie, besagt, dass einfache Lebensformen in der Lage sind, sich über große Distanzen durch das Universum zu bewegen. Die theologische Variante sähe dann womöglich so aus, dass ein verschnupfter Schöpfer einen Meteoriten anniest, wegwirft, und ein paar tausend Jahre später entsteht Leben auf der Erde. Wenn man ohne Schöpfer und ohne Schnupfen auskäme, wäre es natürlich deutlich eleganter.

Deinococcus radiodurans
Es ist noch eine ungeklärte Frage, warum das Bakterium Deinococcus radiodurans eine so große Resistenz gegenüber radioaktiver Strahlung besitzt. Auf der Erde ist die natürlich vorkommende radioaktive Strahlenbelastung mindestens um den Faktor 10.000 kleiner. Daher wäre eine solche Resistenz gegenüber radioaktiver Strahlung nicht notwendig. Es hätte jedoch sehr wohl einen Sinn, wenn Deinococcus radiodurans im Meteoritengestein unversehrt weite Reisen durch das Weltall von einem Planten zu einem anderen überleben müsste.[14] Auf der anderen Seite könnte die Widerstandskraft gegenüber radioaktiver Strahlung auch nur ein Nebenprodukt der Resistenz des Bakteriums gegenüber Austrocknung auf der Erde sein.[15]

---

14 B. Diaz et al., Astrobiology, Vol. 6, No. 2, S. 332, http://www.liebertonline. com/doi/abs/10.1089/ast.2006.6.911. Dieser und alle weiteren Links sind auch unter www.sciencebusters.at abrufbar.
15 V. Mattimore und J. R. Battista, Journal of Bacteriology 178, S. 19, http:// www.ncbi.nlm.nih.gov/pubmed/8550493

Dass der Bakterien-Conan massive radioaktive Bestrahlung spielend ertragen kann, macht ihn auch als biologischen Datenspeicher attraktiv. US-amerikanische Forscher haben das Kinderlied „It's a Small World" in das Erbgut des Bakteriums eingebaut und mit allem, was sie zur Verfügung hatten, bestrahlt, Alpha-, Beta-, Gammastrahlung, das gesamte Sortiment. Noch nach etwa hundert Bakteriengenerationen ließen sich die Strophen des Liedes in unveränderter Form wieder auslesen, das heißt, die Information wurde stabil abgespeichert. Das wäre im Falle eines Atomkrieges sehr praktisch. Denn der elektromagnetische Puls, den nukleare Bomben auch aussenden, löscht auch alle Informationen von allen Festplatten, die er erreicht. Die DNA des Deinoccocus radiodurans hingegen wäre dann noch intakt. Ein hervorragender Datenspeicher also.

Bleibt die Frage, wo man diese Bakterien findet. Und da bewährt sich die gute Kombinationsgabe des Theoretikers, denn den Deinoccocus radiodurans findet man unter anderem im Kot von Alpakas. Sie erinnern sich, das sind die Hochlandkamele, die Heinz Oberhummer zum Streicheln zu Hause hat. In einem Alpakabemmerl[16] von der Größe einer Rosine finden sich Millionen solcher Bakterien. Und ihre DNA hat jeweils ein paar Millionen Gigabyte Speichervermögen. Das heißt, wenn Prof. Oberhummer wieder einmal ein Back-up seines Computers machen möchte, bräuchte er nicht extra in die Stadt zu fahren, um eine externe Festplatte zu kaufen, sondern er müsste nur hinter einem seiner Alpakas die Hand aufhalten und warten. Einziger Nachteil: Leistungsfähige Festplatten brauchen nach wie vor einen Stromanschluss, und bei einem Alpakabemmerl weiß man nicht sofort, wo man das Kabel anstecken soll.

Sollte sich übrigens tatsächlich herausstellen, dass das Methan auf dem Mars von Bakterien stammt und dass sich im selben Sonnensystem zweimal, unabhängig voneinander, Leben entwi-

---

16 Bemmerl: *österr. für* Kotkügelchen

ckelt hat, dann ist die Wahrscheinlichkeit, dass es in unserem Universum nur so von Leben wimmelt, enorm groß.

Aber egal, ob das Leben auf der Erde unterirdisch entstanden ist oder aus dem Weltall zu uns gekommen ist, wer einen vollständigen Stammbaum seiner Familie zeichnen möchte, der weiß zwar vielleicht nicht genau, wer im Biedermeier mit wem geschlafen und wen gezeugt hat, aber sehr wahrscheinlich muss er ganz oben als Stammvatermutter ein Bakterium einsetzen.

Was die Behauptung, dass Gott den Menschen nach seinem Ebenbild geschaffen hat, in einem ganz neuen Licht erscheinen lässt. Und die Frage aufwirft, was das für die Heilsgeschichte bedeutet. Wurde für die ersten Lebewesen auch schon ein Heiland gekreuzigt? Wenn ja, wie kreuzigt man ein Bakterium? Kann es auch in den Himmel auffahren?

Wie man eine Himmelfahrt ohne Rakete hinbekommt, erklären wir im übernächsten Kapitel, davor wollen wir uns das Gehirn genauer anschauen. Das ist nämlich für solche Gedanken verantwortlich. Aber was ist ein Gedanke überhaupt?

68

Außerirdisches Leben entdeckt!

Dass wir Menschen uns heute vor allem darauf konzentrieren, einfaches, außerirdisches Leben zu finden, liegt unter anderem daran, dass wir hochentwickeltes, außerirdisches Leben bereits kennen. Das sind nämlich wir selber.

Seit dem 6. Juni 1971 befindet sich praktisch durchgehend ein Mensch auf einer Raumstation im All. Erst auf der Salyut 1, später auf Skylab, dann auf der Mir und heute auf der ISS. In rund 300 bis 400 Kilometer Höhe umkreist die Internationale Raumstation mit 28.000 km/h die Erde. Etwa alle eineinhalb Stunden geht die Sonne auf, religiöse Raumfahrer, die gerne morgens, abends und vor jeder Mahlzeit beten, haben alle Hände voll zu tun. Und in der ISS fünfmal am Tag Mekka zu lokalisieren, ist sicher kein Honiglecken.

Aber auch für die nicht religiöse Besatzung, egal ob Astro- oder Kosmonaut, ist das außerirdische Leben nicht sehr komfortabel. Auf der ISS ist es sehr laut. Aber nicht wegen Russendisco, sondern wegen Klimaanlage und Ventilatoren. Ungefähr so laut wie ein neben einem startendes Moped, und das 24/7. Wer länger auf der ISS war, kommt mit einem leichten Tinnitus wieder nach Hause, Unterhaltungen auf mehrere Meter Entfernung sind nicht mehr möglich. Klimaanlage und Ventilatoren braucht man deshalb, weil es in der Schwerelosigkeit keine Konvektion, also keine Vermengung der Raumluft gibt. die Luft bleibt, wo sie ist. Das kann beim Schlafen lebensgefährlich werden, wenn man dieselbe Luft wieder einatmet, die man gerade ausgeatmet hat.

Duschen nach dem Aufstehen, oder besser: Aufschweben, wäre mühsam. Das Wasser würde erst vom Körper abperlen und dann in der Station herumgleiten. Deshalb werden zur Körperpflege feuchte Tücher verwendet, wie nach dem Grillhendlessen.

Alles wird als Trinkwasser aufbereitet. Abwaschwasser, Kondenswasser. Auch Urin. Zuerst gefiltert und dann durch Elektrolyse in Wasserstoff und Sauerstoff zerlegt. Die Astronauten müssen aber nicht ihren eigenen gefilterten Urin trinken. Sie haben es besser, sie trinken ihren Schweiß. Müssen sie sich dafür gegenseitig die Stirn ablecken? Nein. In der Raumstation befinden sich an geschützten Stellen kalte Platten, an denen die feuchte Kabinenluft kondensiert. Sie wird gereinigt und dient als Trinkwasser. Das heißt, wenn einmal das Wasser knapp wird, müssen sich alle zum Schwitzen auf den Heimtrainer setzen, damit es am nächsten Tag was zu trinken gibt.

It's a Small World
Bei der Übersetzung des Kinderlieds „It's a Small World"
wurden die Musiknoten in eine DNA-Sequenz in der Länge
von 150 Nukleinbasen übersetzt, dann diese in die DNA von
Deinococcus radiodurans eingebaut. Eine solche DNA-Sequenz sieht etwa so aus (wobei die Zahlen für die organischen
Basen stehen, die Bausteine der DNA; 1 steht für Adenin,
2 für Cytosin, 4 für Guanin, 8 für Thymin):

8212424112828442282448821142442444841128882244484
1844422144421412184222248112442282141142222881
11242421424841221841224221281812
2242282222122812444242441111844244442844844122
244141121421428244248282248211 8
2444222142421824142121844241424884114424144 2821
8242284282448422422284448412428

IT'S A SMALL WORLD

from the attraction at Disneyland® and the Magic Kingdom®, Walt Disney World®

Words and Music by RICHARD M. SHERMAN
and ROBERT B. SHERMAN

It's a world of laugh - ter, a world of tears;
just one moon and one gold - en sun,

it's a world of hopes and a
and a smile means friend - ship to

Kapitel 4: Gehirn

Der naturwissenschaftliche Witz ist ein Fixpunkt in den Shows der Science Busters. Die beiden bisher im Buch erzählten Witze, über das Schwarze Loch und die Ursuppe, stammen von Martin Puntigam, der damit eine mehr als beeindruckende Talentprobe auf diesem Spezialgebiet abgeliefert hat.

Als MC der Science Busters, als Master of Ceremony, begrüßt Puntigam im Theater das Publikum auf seine spezielle Art. Er bügelt seine Haare mit Gel nach hinten, zwängt seinen leicht ausufernden Körper in ein hautenges knallrosafarbiges Trikot und sieht dabei aus wie eine hypertrophierte Knackwurst, die gerne Automatenkönig geworden wäre. Er selbst sieht das naturgemäß anders. Er versteht sich als Eye Catcher und Love Interest der Shows, der seinen gestählten Leib mit Textilien gebändigt hat, zusätzlich versehen mit unter dem Trikot applizierten Plastiknippeln, die optisch unterstreichen, wie sexy Physik sein kann – heiß wie ein Fußbad und scharf wie ein Fischmesser ...

Wenn das Publikum ihn am Beginn der Shows sieht, denkt es sich etwas. Entweder „Oh, Gott, ich werde gleich blind" oder „Von dem will ich unbedingt ein Kind haben". Dazwischen sind auch noch jede Menge Gedanken möglich. Aber was ist eigentlich ein Gedanke? Wissen wir das?

Jawohl. Über das Gehirn weiß die Neurowissenschaft schon ziemlich viel. Sie weiß, was ein Gedanke ist, im Wesentlichen, wie das Gehirn funktioniert, aber sie kann leider noch immer nicht sagen, warum in der Arbeit trotzdem immer der größte Trottel ausgerechnet neben einem sitzt.

Das Gehirn besteht aus Neuronen. Diese sind gut miteinander vernetzt. Man unterscheidet verschiedene Arten von Neuronen,

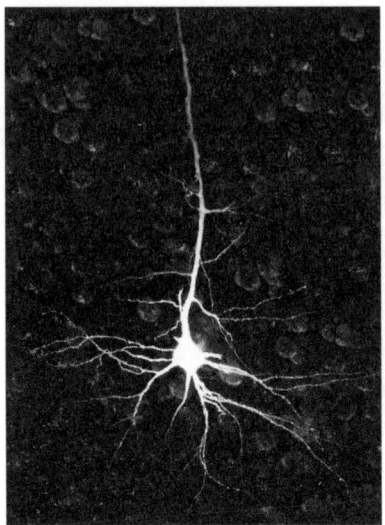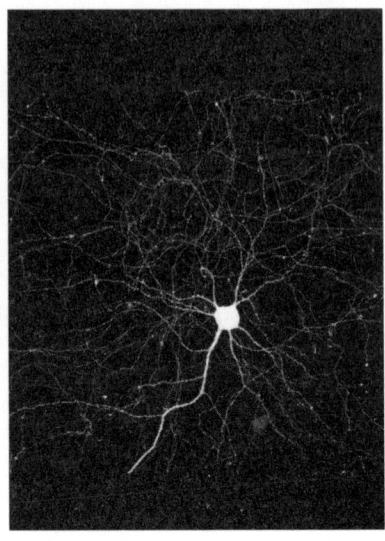

Abb. 3: Links: ein Pyramidenneuron. Seinen Namen hat es von dem pyramiden-förmigen Zellkörper in der Bildmitte. Diese Neuronen sind erregend. Rechts: eine dornlose Körnerzelle. Diese Neuronen haben einen runden Zellkörper und wirken auf andere Neuronen hemmend.

aber um die Entstehungsweise eines Gedankens grundsätzlich zu verstehen, reichen zwei Arten von Neuronen: erregende und hemmende.

Für einen Gedanken sind primär erregende Neuronen wichtig. Um zu verstehen, was sie tun, wollen wir ein Modellgehirn betrachten: Drei Neuronen sind für die Körpergröße, drei für das Körpergewicht und drei für die Haarfarbe zuständig. Die einzelnen Neuronen werden unabhängig voneinander aktiv sein. Auch wenn es keinen Input gibt, werden sie aktiv sein. Für menschliche Neuronen gilt, dass sie unabhängig vom Input aktiv sind. Quasi Standgas.

Warum das Gehirn auch dann aktiv ist, wenn der Mensch schläft oder ruht und an nichts denkt, ist nicht ganz geklärt. Was glauben Sie, wie man diese Form von Aktivität deshalb nennt? Genau, Dunkle Energie des Gehirns. Wie auch sonst.

74

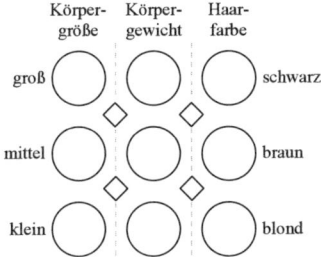

groß   schwarz

mittel   braun

klein   blond

Abb. 4: Ein einfaches Modellgehirn: Es besteht aus neun Neuronen und jedes einzelne hat eine klar definierte Aufgabe. Eines erkennt, ob die Haarfarbe braun ist, ein anderes, ob sie blond ist. Die Kreise stellen erregende Neuronen dar, die Rechtecke hemmende Neuronen. Alle Neuronen sind miteinander verbunden (der Übersichtlichkeit halber in der Abbildung nicht ausgeführt).

Nun sieht dieses Modellgehirn Werner Gruber. Mittelgroß, schwer, braunes Haar. Was wird passieren? Wird es denken: Hoffentlich schreit er nicht gleich wieder Abdula!!! Nein. Sondern alle Neuronen, die Werner Gruber charakterisieren, werden gleichzeitig aktiv sein. Sie werden synchron feuern. Synchronisation ist der Schlüssel zum Verständnis des Gehirns. Diese Neuronen, die nun die Gestalt von Werner Gruber repräsentieren, feuern gleichzeitig. Alle anderen Neuronen schweigen und sind nicht aktiv. Was dann passiert, ist von enormer Bedeutung für unser Denken.

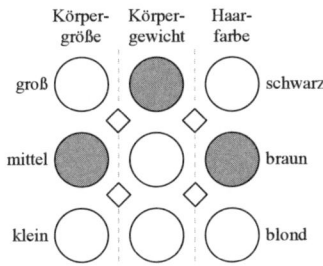

Körper- Körper- Haar-
größe   gewicht farbe

groß   schwarz

mittel   braun

klein   blond

Abb. 5: Wird von unserem Modellgehirn Werner Gruber erkannt, sind die markierten Neuronen gleichzeitig aktiv. Sie blinken gleichzeitig auf. Auch die anderen werden hin und wieder feuern, aber nicht synchron zu den anderen Neuronen.

Wer sich darunter nichts Konkretes vorstellen kann, schaut sich am besten das Daumenkino ab Seite 107 an.

Der kanadische Psychologe Donald O. Hebb erkannte in den 1950er Jahren, dass Neuronen, die gleichzeitig aktiv sind, ihre Verbindungen verstärken. Ein ehemaliger Österreicher, der Neurowissenschaftler Eric Kandel – 1939 von den Nationalsozialisten vertrieben –, erhielt unter anderem für den experimentellen Nachweis dieser Theorie den Nobelpreis. Man kann sagen, alle Neuronen einer Schicht erfahren alles, was auch die anderen Neuronen erfahren. Aber nur wenn mehrere Neuronen gleichzeitig aktiv sind, verstärken sie ihre Verbindung. Warum ist das wichtig?

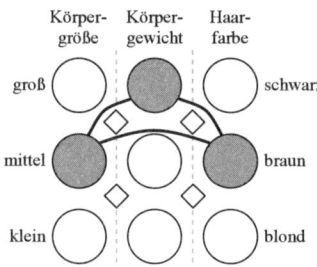

Abb. 6: Die Verbindungen zwischen den synchron aktiven Neuronen werden verstärkt.

Weil das Gehirn durch die verstärkte Verbindung Muster ergänzen kann. Wenn Werner Gruber nun einen Hut trüge und man seine braunen Haare nicht mehr sehen könnte, wäre zwar das dafür zuständige Neuron eigentlich nicht aktiv, aber die beiden aktiven Neuronen bringen das dritte Neuron dazu, mitzufeuern. Obwohl es keinen Reiz gibt, wird das vollständige Muster hergestellt.

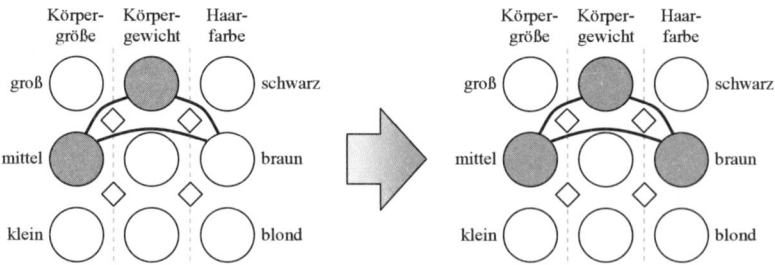

Abb. 7: Auch wenn manche Reize fehlen, werden durch die Synchronisation diese Reize „dazusynchronisiert". Dadurch kommt es zu einer Vervollständigung des Musters „Werner Gruber". Unser Modellgehirn erkennt Werner Gruber mit braunen Haaren, auch wenn es keine braunen Haare sieht!

Und jetzt kommt's: Unser Gehirn kann nur Muster vervollständi-
gen. Mehr kann es nicht, mehr macht es nicht, mehr mag es gar
nicht machen. Alles ist ihm ein Muster. Sei es ein Handlungsmus-
ter oder ein grafisches Muster, alles wird vervollständigt.

Was regt uns zum Denken an? Unvollständige Muster beziehungsweise Muster, in die man viel hineininterpretieren kann.
Kommt es zu einer Synchronisation, so haben wir einen Gedanken. Ein Gedanke ist ein geometrisches Muster aktiver beziehungsweise synchron aktiver Neuronen. Andere Gedanken bestehen aus anderen Mustern. Ähnliche Gedanken bestehen aus ähnlichen Mustern synchron aktiver Neuronen. Unterschiedliche
Muster stellen unterschiedliche Gedanken dar.

Ist das immer so, wenn wir denken? Im Grunde schon, aber im
Gehirn kann natürlich auch etwas schiefgehen. Deshalb gibt es zur
Sicherheit auch hemmende Neuronen. Die sagen zu den erregenden
Neuronen von Zeit zu Zeit: „Nun mal halblang, Freunde, nicht so
schnell mit den jungen Pferden, Rom wurde auch nicht an einem
Tag erbaut." Zumindest sinngemäß. Wäre das nicht so, würden
sich mit der Zeit alle anderen erregenden Neuronen „dazusynchro-
nisieren" – auch die, die nicht zum Muster Werner Gruber gehören.
Damit wäre das Muster aber zerstört. Es käme zur Epilepsie.

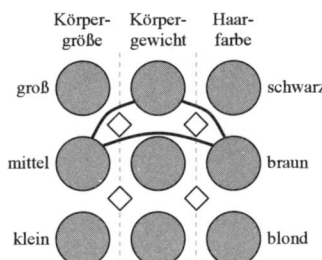

Abb. 8: Gäbe es keine hemmenden Neuronen oder sind diese zu wenig aktiv, werden
sich mit der Zeit alle Neuronen „dazusyn-
chronisieren". Alle Neuronen feuern nun
gleichzeitig, sind dann wieder kurz inaktiv,
um gleich wieder zu feuern.

Bei einem epileptischen Anfall sind, vereinfacht gesagt, alle Neuronen gleichzeitig aktiv. Weil das sehr unangenehm ist, greifen die
hemmenden Neuronen ein. Sie zerstören auch nach einigen Milli-

sekunden das synchrone Muster, damit wieder ein neues entstehen kann.

Wenn Sie wollen, können Sie sich das so vorstellen: Am Strand sitzen zwei Kinder. Eines bildet mit den Förmchen seiner Sandspielsachen immer wieder neue Figuren, ein Auto, einen Fisch, eine Muschel, und das andere macht die Figuren sofort wieder kaputt. Und so leben sie glücklich bis an ihr Ende.

Déjà-vu

Unter einem Déjà-vu versteht man eine Erinnerungstäuschung. Wir glauben etwas wiederzuerkennen oder etwas erscheint uns vertraut, obwohl wir es noch nie gesehen haben. Es gibt viele Erklärungsmodelle für dieses Phänomen, mit der Synchronisation lässt es sich am leichtesten erklären: Reize aus der Umgebung gelangen in das Gehirn und es kommt zu einer Mustervervollständigung, obwohl das betreffende Objekt noch nie zuvor gesehen wurde, die Hebbsche Lernregel – vom Zustandekommen des Lernens in neuronalen Netzwerken – auf dieses Objekt also nicht zutrifft. Eigentlich sollte es zu keiner Synchronisation kommen. Warum es trotzdem zu einer Synchronisatin kommt, ist eine Frage der Statistik. Im menschlichen Gehirn werden täglich so viele Verbindungen verstärkt, dass es auch einmal zu einer Fehlschaltung kommen kann. Interessanterweise tritt gerade bei Personen mit Psychosen, Neurosen oder Personen mit Drogenmissbrauch dieses Phänomen häufig auf.

Gehirn

Das menschliche Gehirn wiegt ungefähr 1300 Gramm, es besteht aus 100 Milliarden Neuronen mit rund 100 Billionen Verbindungen. 90 Prozent des Gehirns bestehen aus Gliazellen, die vor allem für die Energieversorgung der Neuronen verantwortlich sind.

Das menschliche Gehirn kann in zwei wesentliche Strukturen unterschieden werden: in die Großhirnrinde und in die Kerne. In der Großhirnrinde werden die Signale der Rezeptoren (Augen, Haut und Ohren) verarbeitet und gespeichert. Dort werden auch Entscheidungen getroffen. Die Kerne, die sich im Inneren des Gehirns befinden und nur ein paar Millimeter groß sind, können die Großhirnrinde beeinflussen. So sorgen sie für Aufmerksamkeit oder auch eine emotionale Tönung des Erlebens.

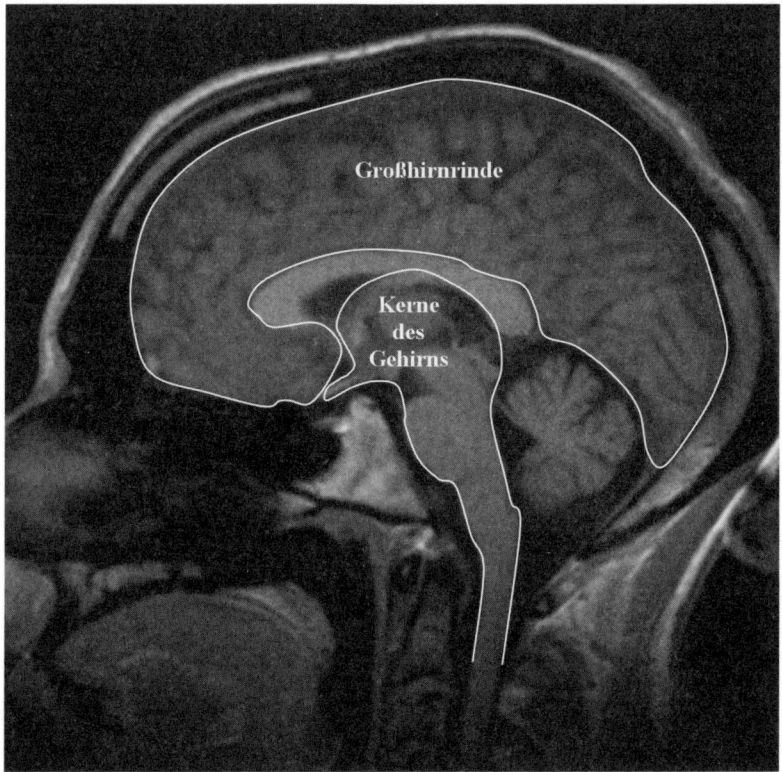

Abb. 9: Eine MRT-Aufnahme des Gehirns.

Kerne können ebenfalls die Synchronisation beeinflussen, also unterbinden oder erleichtern. Manche Gedanken können dann leichter gedacht werden als andere. Beeinflusst wird aber nur die Bildung von Mustern und nicht der Inhalt des Gedankens.

Ob Sie sich mit dem Gedanken „Die Raumzeit ist gekrümmt" leichter tun als mit „Geh scheißen!", hängt nicht von diesen Kernen ab, sondern von der Gedankenwelt, in der Sie sich bewegen. Ein Astrophysiker wie Heinz Oberhummer, der sich sein ganzes Berufsleben mit dem Universum beschäftigt hat, wird sich mit der Raumzeit eventuell leichter tun. Wetten würde ich aber nicht drauf.

Wenn das Gehirn nicht funktioniert, muss es aber natürlich nicht immer Epilepsie sein. Es kann auch Schizophrenie sein, auf die wir in Kapitel 5 näher eingehen werden, und vieles andere mehr. In unseren Breiten ist mit steigender Lebenserwartung sehr oft Alzheimer schuld. Genauer die Alzheimer-Krankheit, noch genauer Demenz. Alzheimer kann man nämlich erst post mortem feststellen, und da greift dann in der Regel keine Therapie mehr.

Es gibt viele verschiedene Formen von Demenz, ziemlich alle haben aber gemeinsam, dass wesentliche Funktionen des Gehirns wie Gedächtnis, Denken, Orientierung, Lernfähigkeit und Urteilsvermögen mehr oder weniger stark beeinträchtigt sind.

Demenz ist nach wie vor nicht heilbar, oft nicht einmal behandelbar – es gibt im Moment noch keine wirklich funktionierende Therapie. Die Forschung auf dem Gebiet läuft auf Hochtouren, und eine Zeitlang hat es so ausgesehen, als ob ausgerechnet Suchtgifte die Rettung sein könnten. Koffein und Nikotin schienen sich gut für die Behandlung zu eignen. Das hätte geheißen, Kaffeejunkies und Kettenraucher wären vor Alzheimer sicher gewesen. Aber, so einfach ist es leider nicht. Die gute Nachricht ist, Koffein scheint Alzheimer nicht nur vorzubeugen, sondern sogar Gedächtnisprobleme rückgängig machen zu können. Koffein stoppt die Produktion von Beta-Amyloid im Gehirn. Beta-Amyloid ist ein Eiweißfragment, das im Gehirn die Plaques bildet, die typischen Alzheimer-Ablagerungen. Wenn man viel Kaffee trinkt, hört die Plaquebildung auf, oder bereits entstandene Ablagerungen verschwinden wieder. Rund fünf Tassen täglich – je nachdem, wie stark gebraut – sollten für die notwendige Koffeinmenge genügen.

Das heißt: zum Frühstück ein, zwei Tassen Kaffee trinken, dann schnell eine rauchen, und dann kann man sich freuen, dass man nie Alzheimer bekommen wird? Leider nein, das ist die schlechte Nachricht, vor allem für Raucherinnen und Raucher: Bei Nikotin weiß man nicht genau, ob es gegen Alzheimer hilft oder nicht, da kann man diesbezüglich momentan noch gar nichts Sicheres sagen. In der Schule heimlich aufs Klo rauchen gehen wird also auch in absehbarer Zeit kein Wahlpflichtfach werden.

Was aber gegen Alzheimer hilft, ist Wasser. In rund einem Drittel der Fälle von Demenz handelt es sich nämlich gar nicht um Demenz, sondern um (Pseudo-)Alzheimer. Die Patienten trinken einfach zu wenig. Und werden dadurch quasi dement. Viele ältere Menschen leiden an Blasenschwäche, und weil Inkontinenz sozial wenig gehypt ist, trinken sie einfach weniger. Dadurch vertrocknet das Gehirn, im wahrsten Sinne des Wortes. Es verschrumpelt. Der Effekt ist allerdings reversibel. Mehr trinken hilft, und es ist fast egal, was. Bier, Wasser, Kaffee, Saft, Hauptsache genügend Flüssigkeit. Nach ein bis zwei Wochen arbeitet das Gehirn wieder normal. Aber Vorsicht, besser als davor wird es natürlich auch nicht. Wenn man vorher schon ein Trottel war, wird man das nachher auch wieder. Aber immerhin ist man nicht mehr dement. Wenn also die Großeltern plötzlich anfangen, sich komisch zu benehmen, sollte man nicht gleich ihre Wohnung inserieren und die Einrichtung auf eBay stellen, sondern zuerst einmal Oma und Opa zwei bis drei Wochen ordentlich gießen und schauen, ob es wieder besser wird.

Um einer Alzheimer-Erkrankung vorzubeugen, wird immer wieder Klavierspielen ins Treffen geführt. Es soll helfen, den Beginn einer möglichen Erkrankung hinauszuzögern. Das ist richtig und auch nicht. Es kommt nämlich nicht aufs Klavier an, sondern auf die koordinierte Bewegung beider Hände. Die kommt natürlich beim Klavierspielen nicht zu kurz. Wenn Sie aber unmusikalisch sind oder in einem Haus wohnen, in dem nicht musiziert werden darf, können Sie sich genauso gut an eine Ameisenstraße setzen und mit den Fingern beider Hände koordiniert Ameisen zerquetschen.

In diesem Sinne, meine Damen und Herren, zur Auflockerung und um das Gehirn mit etwas Abwechslung in Bewegung zu halten, spielen wir ein kleines Spiel. Kleinen Moment noch. Haben Sie übrigens gewusst, dass Ameisen in der Mikrowelle nicht zwangsläufig zerplatzen, obwohl sie großteils aus Wasser bestehen? Das ist so, weil Ameisen sehr klein sind, Mikrowellen im Vergleich aber sehr groß. Im Mikrowellenherd bilden sich stehende Wellen mit einer Wellenlänge von 12,5 Zentimetern. Die Ameise, die in unseren Breiten in der Regel mit einem Zentimeter schon ein Hüne ist, braucht sich also nur in ein Wellental stellen und warten, bis das Mikrowellendonnerwetter wieder vorbei ist. Aber Obacht, liebe Ameisen, das gilt nur ohne Drehteller. Der sorgt nämlich dafür, dass die Speisen überall gleichmäßig erwärmt werden. Auf einem Drehteller in der Mikrowelle kann sich eine Ameise also nicht in Sicherheit wiegen, da muss sie mitlaufen. Eine Ameise, die sich auf einen Marathonlauf vorbereitet, kann bei Schlechtwetter in einem Mikrowellenherd trainieren.

So, jetzt wissen Sie das auch, und damit Sie es nicht gleich wieder vergessen, gibt es jetzt ein wenig Alzheimerprophylaxe. Sind Sie alle bereit? Dann geht's los. Bitte umblättern.

Reißen Sie diese Seite aus dem Buch heraus. Sofort, ohne nachzudenken. Sie erfahren gleich, warum.

Bitte auch diese Seite herausreißen. Ebenfalls ohne Umschweife. Dann zerknüllen Sie beide Seiten und werfen sie auf den Boden.

Wenn vor dieser Seite keine zwei beinahe leeren Seiten waren, hat schon jemand vor Ihnen das Buch aufmerksam gelesen. Aber Sie haben Glück, wir haben auch für diesen Fall vorgesorgt. Reißen Sie diese und die nächste Seite aus dem Buch heraus. Ganz impulsiv, ohne nachzudenken. (Falls Sie bereits zwei Seiten herausgerissen haben, betrachten Sie diese Zeilen als gegenstandslos und blättern vor auf Seite 93.)

Ja, diese Seite auch noch rausreißen. Hab ich ja gesagt.

Wenn vor dieser Seite keine fast leeren Seiten waren, fehlen in diesem Buch 4, in Worten: vier Seiten. Da können wir jetzt auch nichts machen. Stellen Sie sich bitte einfach vor, Sie hätten gerade sehr impulsiv zwei fast leere Seiten aus dem Buch gerissen, und blättern Sie jetzt bitte um.

So, wir begrüßen alle wieder ganz herzlich auf derselben Augenhöhe. Warum haben Sie Blätter herausreißen sollen? Und was ist mit denen, die es nicht gemacht haben? Wollten die nicht?

Das ist die große Frage, der wir uns nun zuwenden wollen, die wir am Anfang angerissen und dann auf später verschoben haben, nämlich auf jetzt: Können wir auch *wollen*, was wir wollen? Ist unser Wille frei?

Gleich vorweg, damit es dann später keine Tränen gibt: So groß ist die Frage gar nicht. Unter freiem Willen versteht man, dass man sich zwischen zwei oder mehreren Alternativen entscheiden kann, ohne äußere Einflüsse und ohne Berücksichtigung der persönlichen Vergangenheit. Bei reflexartigem Verhalten – das Gegenteil von willensfreien Entscheidungen – gibt es eine einfache *actio est reactio*. Unter exakt denselben Umständen gibt es immer wieder dieselbe Entscheidung.

Das funktioniert aber nur für sehr begrenzte Verhaltensweisen, denn sobald auch die absehbaren Auswirkungen mitberücksichtigt werden, ergeben sich komplexere Strukturen.

Treffen wir Entscheidungen, sind diese Entscheidungen oftmals konkurrierend, also ausschließend – wir können uns nur für eines entscheiden. Die Möglichkeiten oder auch Wünsche können nun gewichtet sein – sie werden danach bewertet, wie gut oder schlecht sie für uns sind. Dies geschieht aufgrund von bisher gemachten Erfahrungen, also direkt aus unseren Erinnerungen, und einer Abschätzung für die Zukunft.

In einer konkreten Situation gibt es für eine Person nur eine Möglichkeit, sich zu entscheiden. Aufgrund der Komplexität der Umstände, die zur Willensbildung führen, ist die Entscheidung zwar nicht vorhersehbar, aber objektiv steht sie schon im Vorhinein fest. Durch das Überlegen – Gewichten – der Möglichkeiten wird ein bestimmter Wunsch zum Willen. Dieser Wille wird dann in eine entsprechende Handlung umgesetzt.

Das Problem besteht nun darin, dass es zu dem tatsächlichen Wollen eigentlich keine Alternative gibt – also ist man nicht frei, und der Begriff *Freiheit* ist irreführend. Wäre der Wille wirklich frei, würde er dem Zufall unterliegen. Stellen wir uns eine Welt vor, in der Entscheidungen rein nach dem Zufall getroffen werden – wir könnten andere Personen nicht mehr einschätzen und wären ziemlich verwirrt.

So weit, so gut, aber woher kam dann in den letzten Jahren die Aufregung rund um den freien Willen? Kommt gleich, nur Geduld. Wenn Sie zu aufgeregt sind, können Sie von mir aus die nächste Seite auch wieder herausreißen. Sie müssen aber nicht.

Liebe Leserin! Lieber Leser!

Hier spricht die Seite 97. Bitte reißen Sie mich nicht heraus, ich möchte noch in diesem Buch bleiben, mir gefällt es hier. Ich habe Ihnen gar nichts getan. Wenn Sie mich rausreißen, ist das voll unfair. Wenn Sie das tun, kann ich für nichts garantieren, und das wollen Sie sicher nicht.

Nach Meinung der Neurowissenschaft ist es so, dass wir keinen freien Willen haben. Eine Entscheidung wird unbewusst getroffen, der Prozess der Entscheidungsfindung gelangt ins Bewusstsein und erscheint dann als freier Wille. Das Bewusstsein hat aber noch die Möglichkeit, quasi ein Veto einzulegen.

Damit stellt sich die Frage, was ist bewusst und was unbewusst. Dazu muss ich ein wenig ausholen. Wer noch nicht am Klo war, soll bitte jetzt noch schnell gehen, danach geht es länger nicht mehr. Also.

Es gibt im Gehirn verschiedene Areale:

– primäre sensorische Areale; je eines für das Sehen, das Hören und Tasten
– sekundäre sensorische Areale; mehrere für das Sehen und das Hören
– ein primäres motorisches Areal, über das einzelne Muskeln gesteuert werden
– ein sekundäres motorisches Areal, das für komplexes motorisches Verhalten zuständig ist

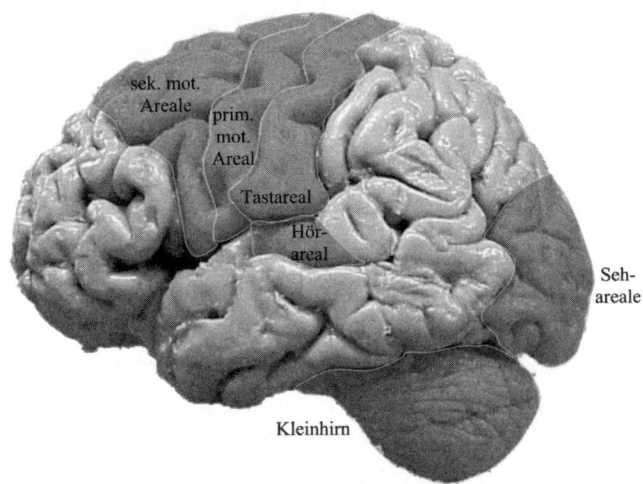

Abb. 10: Die sensorischen und motorischen Areale.

und drei tertiäre Areale:

- das PTO-Areal (von: parietal-temporal-okzipital), das für die Gegenwart zuständig ist; es beschäftigt sich ausschließlich mit dem Hier und Jetzt
- den limbischen Schläfenlappen; er ist für die Vergangenheit zuständig und stellt den Speicher für unsere Erinnerungen dar
- den präfrontalen Cortex, in dem wir uns Gedanken über die Zukunft machen

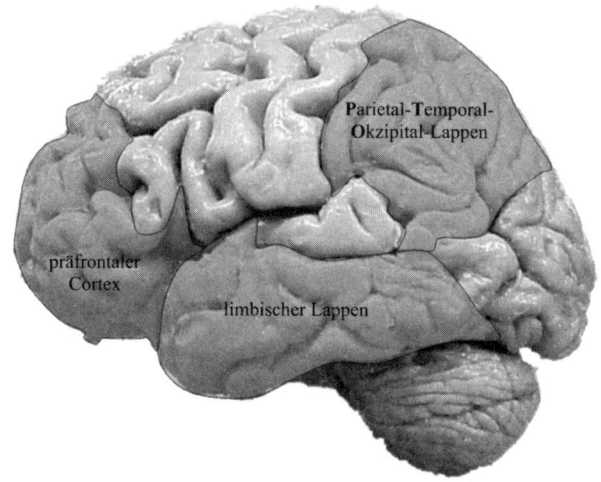

Abb. 11: Die drei tertiären Areale.

Aber was sind eigentlich unbewusste Entscheidungen?

Stellen Sie sich vor, Sie sehen einen roten, runden Ball auf Sie zufliegen. Für diese Wahrnehmung sind das primäre und sekundäre sensorische Areal zuständig. Dann gelangt die Information in die anderen Gehirnareale. Vorrangig gelangen die Signale in das sekundäre motorische Areal und dort wird dann die Entscheidung getroffen: ducken oder fangen. Das primäre motorische Areal setzt das dann um.

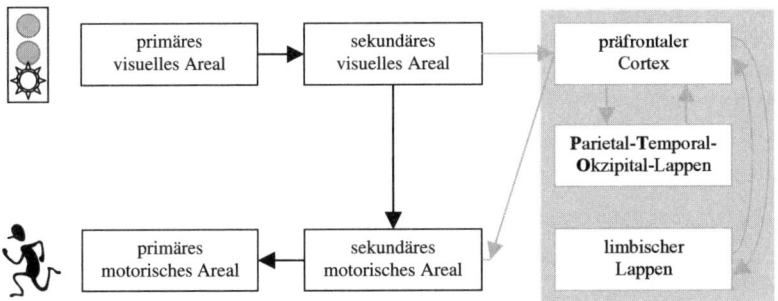

Abb. 12: Ablauf eines unbewussten Verhaltens, zum Beispiel wenn wir vor einer Ampel stehen und eine Entscheidung treffen, entweder zu gehen oder stehen zu bleiben. Wie zu sehen ist, sind die tertiären Areale nicht aktiviert, dort werden keine Neuronen synchronisiert – wir denken über die Ampel nicht nach.

Erst viel später werden wir uns über den Bewegungsablauf klar – die Entscheidung gelangt in den präfrontalen Cortex. Dort können wir uns dann noch denken, schade, eigentlich hätte ich mir heute gern einmal einen roten, runden Ball mitten ins Gesicht schießen lassen, aber mit der Entscheidung über ducken oder fangen hat das nichts mehr zu tun.

Vereinfacht lässt sich sagen, dass unbewusste Entscheidungen nur über die primären und sekundären sensorischen und die jeweiligen motorischen Areale abgehandelt werden. Bewusste Entscheidungen hingegen finden im präfrontalen Cortex statt, wobei man nach Ansicht der Neurowissenschaft eigentlich nur in der Lage ist, unbewusste Entscheidungen durch den präfrontalen Cortex zu hemmen.

Warum laufen die meisten Prozesse unbewusst ab? Na ja, es wäre ziemlich problematisch, wenn wir etwa jedes Mal, wenn wir bei einer Ampel stehen, uns bewusst fragten, ob wir bei Rot doch drübergehen sollen oder nicht. Das würde die Lebensqualität deutlich schmälern.

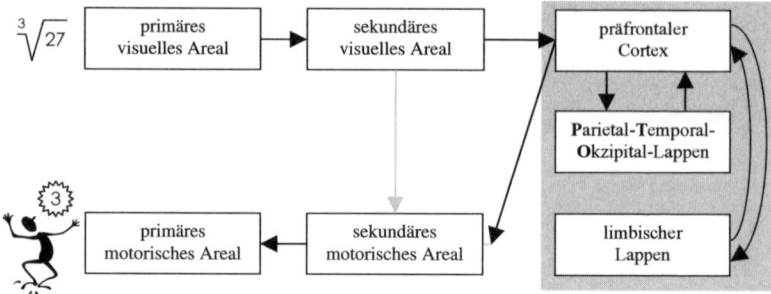

Abb. 13: Ein bewusster Gedanke: Die tertiären Areale werden aktiv, aus dem limbischen Areal werden Erinnerungen abgerufen, mit den Informationen im PTO-Areal verglichen – Synchronisation – und die finale Entscheidung findet dann im präfrontalen Cortex statt.

Das Libet-Experiment

Auslöser für die Aufregung um den freien Willen war unter anderem das sogenannte Libet-Experiment. Bei dem Experiment von Benjamin Libet handelte es sich um den Versuch, die zeitliche Abfolge einer bewussten Handlungsentscheidung und ihre motorische Ausführung zu messen.

Zwischen der ersten Vorbereitung einer Bewegung im Gehirn und der tatsächlichen Ausführung dieser Bewegung vergeht ungefähr eine Sekunde. Diese Vorbereitung wird als Bereitschaftspotenzial bezeichnet. Libet interessierte sich dafür, wie der Alltag funktionieren kann, wenn es eine Sekunde *time-delay* gibt.

Dann hatte Libet die Idee mit der Uhr. Wenn die Versuchspersonen auf eine schnell gehende Uhr blicken und sich merken würden, wann sie den Entschluss für die Bewegung fassten, könnten sie diesen Wert nachher dem Versuchsleiter angeben. Die Probanden setzten sich auf einen Stuhl, Elektroden wurden an ihren Handgelenken befestigt, und auf einem Bildschirm kreiste ein Punkt mit 2,56 Sekunden pro Umdrehung. Zu einem frei gewählten Zeitpunkt sollten die Probanden die Hand bewegen – und sich den Stand der Uhr merken. Den genauen Zeitpunkt der Bewegung verriet die Spannungsänderung der

Elektrode am Handgelenk, das Bereitschaftspotenzial lieferten die Elektroden am Kopf, den Zeitpunkt der bewussten Entscheidung erfuhr Libet nach jedem Versuch von den Probanden, die sich den Stand des kreisenden Punktes gemerkt hatten, als ihr Wille einsetzte.

Der Moment des Entschlusses für die Bewegung lag ungefähr 0,2 Sekunden vor der Bewegung selbst. Das Bereitschaftspotenzial setzte aber mindestens 0,55 Sekunden, teilweise auch schon eine Sekunde vor der Bewegung ein.

Also:

0 Sekunden – Bereitschaftspotenzial

0,8 Sekunden – Entscheidung gelangt ins Bewusstsein

1 Sekunde – Bewegung wird ausgeführt

Das Problem dabei:

Es handelt sich nicht um wirkliche Entscheidungen, sondern im Gehirn dreht sich alles nur um unbewusste Entscheidungen.

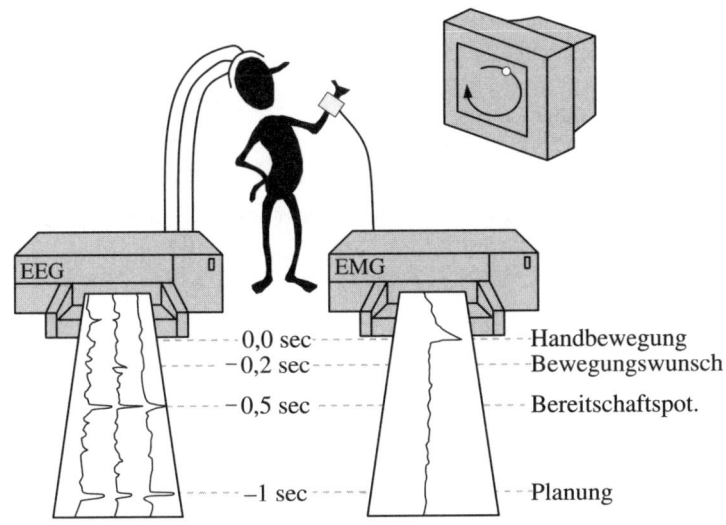

Abb. 14: *Auf einer Uhr kann der Proband feststellen, wann er bewusst die Entscheidung getroffen hat, die Hand zu bewegen.*

Was den naturwissenschaftlichen Witz betrifft, so ist natürlich Werner Gruber der unangefochtene Meister dieses Faches. Sein absoluter Topwitz geht so:

Treffen sich zwei Neuronen auf einer Party in der Großhirnrinde: ein langes mit einem pyramidenförmigen Zellkörper, vielen wunderbaren Verästelungen und einem langen schlanken geschmeidigen Axon, und ein kleines, pummeliges mit einem runden Zellkörper, kurzen Verästelungen und einem kurzen Axon. Das lange Neuron: „Na, wie wär's, lass uns miteinander synchronisieren." Darauf das kleine empört: „Mit dir sicher nicht, du bist gabaerg."

In den Shows der Science Busters sorgt dieser Knaller verlässlich für sofortige Funkstille im Auditorium. Werner Gruber schwört allerdings Stein und Bein, dass man, wenn man ein paar Semester Neurophysik studiert hat, bei diesem Witz kaum das Wasser halten kann vor lauter Vergnügen. Entscheiden Sie selbst, ob Sie das glauben wollen – ob bewusst oder unbewusst, ist bei diesem Witz vermutlich auch schon egal.

Die katholische Kirche wiederum geht davon aus, dass im Falle einer Besessenheit durch Dämonen der freie Wille der Besessenen eingeschränkt oder aufgehoben ist. Aber die Frage nach dem freien Willen ist sicherlich eines der geringeren Probleme, die jene bedauernswerten Menschen zu gewärtigen haben, die einem Exorzisten in die Hände fallen. Wenn sie nämlich glauben, wenn sie glauben, der Teufel existiert nicht, glauben das andere auch, dann wissen sie gar nichts.

TEIL II

… muss alles glauben

Hinweise zum Daumenkino

Meine Damen und Herren, wir präsentieren Ihnen jetzt eine Sensation: das erste Neuronendaumenkino der Welt.

Die Synchronisation von Neuronen ist ein Prozess, der von der Zeit abhängt: Neuronen feuern synchron, dann pausieren sie kurz, um wiederum gleichzeitig aktiv zu werden. In der rechten oberen Ecke wird anhand von Martin Puntigam gezeigt, was Neuronen tatsächlich machen, wenn nichts passiert (S. 107–129), wenn sie Martin Puntigam erkennen (S. 131–141), wenn das Muster Martin Puntigam vom „Gehirn" gelernt wird (S. 143–159), wenn das Muster von hemmenden Neuronen zerstört wird (S. 161–171), wenn das Muster Martin Puntigam vervollständigt wird (S. 173–197). Und wer einen einfacheren Synchronisationszustand sehen möchte, für den wird in der rechten unteren Ecke der zeitliche Verlauf von Epilepsie gezeigt.

Lassen Sie die einzelnen Seiten zwischen Daumen und Zeigefinger – dieser sollte sich hinter der Seite 198 befinden – der rechten Hand schnell durchlaufen. Also Daumen aktivieren und viel Spaß mit den Videos auf Papierbasis!

Kapitel 5: Glaube

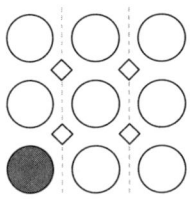

Nichts wird gesehen

Am 1. Mai 2010, um 16:30 Uhr mitteleuropäischer Sommerzeit hätte es wieder einmal so weit sein sollen. Nach bisher mindestens circa 900 Gastspielen, unter anderem in Lourdes, Fatima und Medjugorje, hätte die weltberühmte Muttergottes wieder einmal als Headliner eines designierten Topevents auf den Planeten Erde kommen sollen. Ort der Handlung: Bad St. Leonhard im Kärntner Lavanttal. Der aus Sizilien stammende „Seher" Salvatore Caputa hatte behauptet, er habe bereits im November 2009 ein Aviso über die Reiseabsichten der Himmelskönigin bekommen, der ortsansässige Stadtrat und Tourismusreferent zeigte bei einem Lokalaugenschein grundsätzliches Interesse an der zusätzlichen Einnahmequelle, die Gemeinde ließ vorsorglich ein Kreuz aufstellen.

Die Vorzeichen standen nicht schlecht. In Kärnten, dem südlichsten Bundesland Österreichs, war am 11. Oktober 2008 angeblich die Sonne vom Himmel gefallen[17], da müsste eine Marienerscheinung eine vergleichsweise leichte Übung sein. Anlass für den Höflichkeitsbesuch der Gottesgebärerin war eine Änderung der Raumordnung, eine Mariengrotte sollte einer Autobahnumfahrung weichen.

---

17 Der spätere Landeshauptmann Gerhard Dörfler meinte anlässlich des Todes seines Vorgängers Jörg Haider, dass in Kärnten die Sonne vom Himmel gefallen sei. Jörg Haider ist am 11.10.2008 mit seinem Dienstwagen in einer 70-km/h-Zone mit 142 km/h tödlich verunglückt. Er hatte zum Zeitpunkt des Unfalls eine Blutalkoholkonzentration von 1,8 ‰.

Epilepsie beginnt

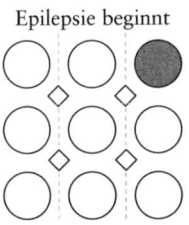

Gekommen ist der Publikumsliebling natürlich nicht. Vielleicht war ihr der Weg auf die Erde zu weit. Vielleicht hätte das Stelldichein stattgefunden, wenn man der sogenannten Gnadenmutter ein wenig entgegengekommen wäre beim Erscheinen, indem man den Erscheinungsort ins Weltall verlegt hätte. Das hätte möglicherweise das Erscheinen erleichtert, aber die Schwierigkeiten beim Errichten eines neuen Wallfahrtsortes wären beträchtlich gewesen.

Was müsste man dabei berücksichtigen? Man müsste vor allem schauen, dass sich alle Kräfte aufheben, sonst müsste der Wallfahrtsort dauernd mittels Raketenschub auf der Umlaufbahn gehalten werden. Genauer betrachtet, gibt es drei sinnvolle Möglichkeiten, um im Weltall einen Gnadenort zu installieren.

Erstens an einem der fünf Lagrange-Punkte.

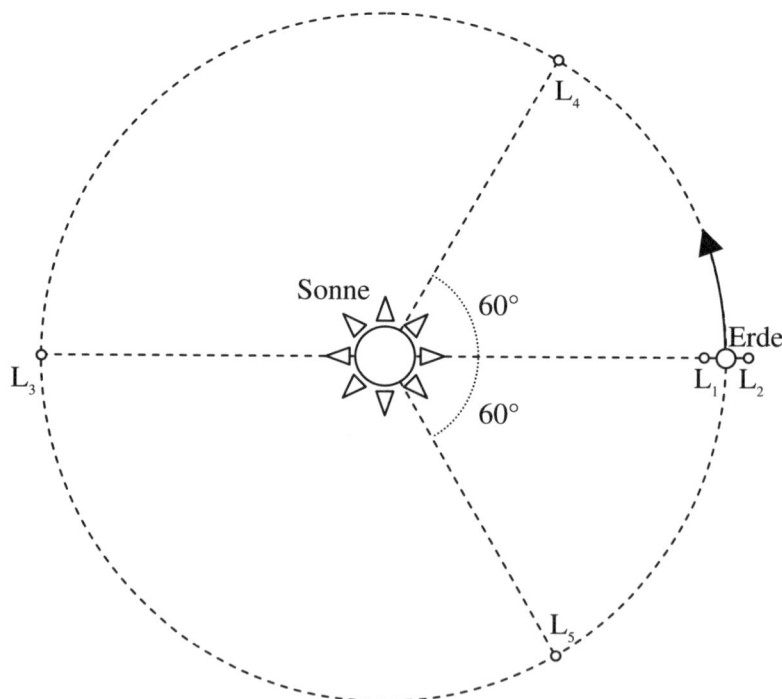

Abb. 15: Die Lagrange-Punkte des Systems Sonne-Erde.

108

Diese nach dem italienischen Mathematiker und Astronomen Joseph-Louis de Lagrange benannten Punkte im Weltall drehen sich mit der Erde um die Sonne mit. In ihnen heben sich alle Kräfte völlig auf. Was einmal dort ist, bleibt auch dort und braucht keine Energie, um seine Position zu halten. Es handelt sich quasi um einen Space-Parkplatz. Das wäre der Vorteil dieses Standorts. Leider befinden sich diese Punkte nicht gerade in der Nähe, der nächste Lagrange-Punkt ist rund 1,5 Millionen Kilometer von der Erde entfernt in Richtung Sonne.

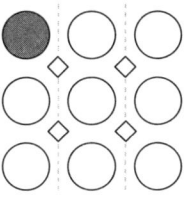

Nichts wird gesehen

Eine zweite Möglichkeit wäre auf einer geostationären Bahn in etwa 35.000 Kilometer Höhe, dort, wo sich auch die Fernmeldesatelliten befinden. Der Wallfahrtsort würde sich immer über demselben Ort über der Erde bewegen, etwa über Lourdes, und man hätte durch die unmittelbare Nähe zu den Fernmeldesatelliten direkte TV-Kommunikation zur Erde. Doch 35.000 Kilometer sind noch immer eine lange Pilgerreise.

Es geht aber auch noch näher, neben der ISS, der Internationalen Raumstation. Die befindet sich, wie wir schon wissen, in 300 bis 400 Kilometer Höhe, und eine Marienerscheinung würde sich dann mit 28.000 km/h um die Erde drehen. Man darf sich das aber nicht so vorstellen, dass Maria sich mit einer Hand an der ISS festhält, während ihr der Fahrtwind ins Gesicht bläst. Denn im Weltall herrscht praktisch Vakuum, da gibt es keinen Fahrtwind. Und weil die ISS für eine Erdumkreisung nur rund 92 Minuten benötigt, ist ein Tag auf der ISS kurz. Alle eineinhalb Stunden geht die Sonne auf, eine zweiwöchige Pilgerreise wäre schon nach knapp einem Tag erledigt. Das heißt, man könnte noch mehr Pilger durchwinken als in Fatima oder Lourdes.

Epilepsie beginnt

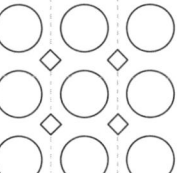

Der Haken an der Sache: Eine Reise zur Raumstation ist sehr teuer. Die Frachtkosten betragen rund 60.000 Euro pro Kilogramm. Man braucht aber gar nicht sein Körpergewicht mit 60.000 zu multiplizieren, denn dazu kommen noch die Kosten für die Lebenserhaltungssysteme und vieles mehr. Ein Start zur ISS kostet einige Millionen Euro. Die Kosten würde wohl auch ein noch so gut gehender Weltraum-Gnadenort nicht einspielen.

Aber es gibt auch andere Möglichkeiten, um einen Wallfahrtsort zu gründen. Man braucht dazu nicht einmal eine Muttergottes, oft reicht auch ein Reliquienwunder. Im Mittelalter waren geheiligte Körperfragmente integraler Bestandteil des christlichen Glaubens. Heute distanziert sich die Kirche gerne von den rauesten Praktiken, verunglimpft sie als übertriebene, naive Volksfrömmigkeit, der die Obrigkeit Einhalt zu gebieten versuchte. In Wirklichkeit war die „andächtige Beraubung", also Leichenschändung, Reliquiendiebstahl und Grabräuberei, damals aber State of the Art.[18] Thomas von Aquin wurde nach seinem Tod von Mönchen in Fossanuova zu Präparationszwecken geköpft und gekocht[19], zeitweise waren im Mittelalter bis zu 18 Vorhäute Christi im Umlauf.

---

18 „Angesehene Gelehrte brechen Heiligen Zähne aus dem Mund, tragen sie als Amulett um den Hals. Gräber werden heimlich oder rituell geöffnet, Körperteile entwendet, abgeschnitten, abgeschabt, ja abgebissen, berührt und geküsst, beleckt und gestreichelt, wo immer dies möglich ist: kaum eine bedeutende Leiche, die nicht völlig verhunzt und anatomisiert wäre, längst bevor es Anatomie gibt. Wer heilig lebt und dies weiß, vermacht schon zu Lebzeiten eigene Körperteile an Freunde fern und nah." Aus: Hartmut Böhme: Der Körper als Bühne. Zur Protogeschichte der Anatomie, http://www.culture.hu-berlin.de/hb/static/archiv/volltexte/pdf/koerperbuehne.pdf

19 Johan Huizinga: Herbst des Mittelalters. Stuttgart: Kröner, 12. Aufl. 2006, S. 232 f.

Heute wie damals ist Reliquienverehrung vor allem ein Riesengeschäft für die Gegend, in der die Reliquie angebetet wird. In Neapel beispielsweise beten seit Jahrhunderten die Gläubigen eine Chemiebastelarbeit aus dem Mittelalter an und lassen dabei viel Geld in den Gemeindekassen. Im Dom von Neapel wird das angebliche, getrocknete Blut des im Jahre 305 enthaupteten San Gennaro in einer fest verschlossenen Ampulle angebetet. Jedes Jahr am ersten Maiwochenende und am 19. September kann man bestaunen, wie sich unter Manipulationen des Erzbischofs das vorgebliche Märtyrerblut verflüssigt.

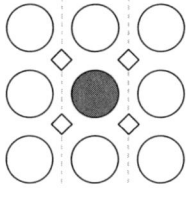

Nichts wird gesehen

Wer auch ein Blutwunder zu Hause haben möchte, braucht allerdings nicht Erzbischof zu werden und auch keinen Märtyrer zu köpfen. Er kann sich mit ein wenig Geschick und für wenig Geld selbst eines herstellen.

Rezept für ein Do-it-yourself-Blutwunder

Man nehme:
250 g Eisen-(III)-Chlorid
100 g Kalziumcarbonat (Eierschalenkalk)
1 Prise Salz
1 Tropfen Olivenöl

2/3 des Eisen-(III)-Chlorids in einen Kunststoff- oder Porzellanbehälter geben. Vorsichtig das Kalziumcarbonat und das Salz dazugeben und mit einem Stück Holz, das man nie mehr wieder für irgendetwas verwendet, umrühren. Das Ganze wird zu schäumen beginnen. Um den Schaum zu bändigen, einen Tropfen Olivenöl dazugeben. Danach vorsichtig das restliche Kalziumcarbonat dazugeben. Aber immer nur so viel, dass der Schaum nicht übergeht. Immer wieder stehen lassen und den Schaum mit dem Holzstück zerstören.

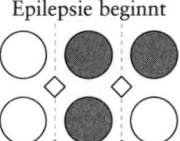

Epilepsie beginnt

Ist die braune Substanz fest und wird sie durch Schütteln flüssig, sind Sie fertig. Nun vorsichtig die Substanz in eine schöne Glasphiole füllen und diese luftdicht verschließen – dann funktioniert das Blutwunder auch noch in ein paar Jahren.
Vorsicht: Die Substanz schäumt gewaltig, geht über und macht Flecken!

Wer zu faul ist oder sich für zu ungeschickt hält oder einfach keine Zeit hat, aber trotzdem dringend ein Blutwunder braucht, der kann auch Ketchup nehmen. Ketchup ist keine Flüssigkeit und auch kein Festkörper. Bei Ketchup handelt es sich, wie bei jedem besseren Blutwunder, um eine thixotrope Substanz. Das bedeutet, im Ruhezustand ist Ketchup fest. Führt man dieser Substanz aber Energie zu, zum Beispiel durch Schütteln, so wird sie flüssig.

Man kennt das von der Ketchupflasche zu Hause. Öffnet man diese, kommt erst gar nichts raus. Dann klopft man hinten auf den Flaschenboden, in der Hoffnung, dass die Sauce sich dadurch überreden lässt, die Flasche zu verlassen. Die denkt aber überhaupt nicht daran, weil sie sich an die Naturgesetze hält. *Corpus omne perseverare in statu suo quiescendi vel movendi uniformiter in directum, nisi quatenus illud a viribus impressis cogitur statum suum mutare*, sagt sich das Ketchup, wenn es Latein kann, und rührt sich nicht von der Stelle. Jeder Körper beharrt nämlich in seinem Zustand der Ruhe oder der gleichförmigen Bewegung, wenn er nicht durch einwirkende Kräfte gezwungen wird, seinen Zustand zu ändern. So hat es Isaac Newton 1687 als 1. Newton'sches Gesetz formuliert, und so gilt es noch heute.

Wenn man also den Verschluss abnimmt, die Flasche mit der Öffnung zum Teller dreht und auf den Flaschenboden schlägt, kann zwar die Flasche nicht mehr in ihrem Zustand der Ruhe beharren und bewegt sich nach vorne. Für das Ketchup in der Flasche gilt das aber nicht, es beharrt nach wie vor in Ruhe und schiebt sich also nur noch tiefer in die Flasche hinein. Wer der

Ketchupflasche auf den Hosenboden schlägt, sollte das also nur machen, wen er unbedingt möchte, dass die Tomatensauce drin bleibt. Wer hingegen kräftig schüttelt (bitte vorher die Verschlusskappe wieder aufsetzen), der bekommt die Sauce leicht aus der Flasche, weil plötzlich fühlt sich das Ketchup als thixotrope Substanz angesprochen, weiß, was es zu tun hat, und wird flüssig.

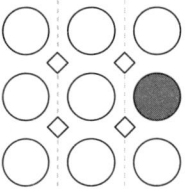

Nichts wird gesehen

Das Gegenteil von thixotrop ist rheotrop/rheopex. Dabei wird eine Flüssigkeit fest, wenn ihr Energie zugeführt wird. Das kann man sich zunutze machen, wenn man ein weiteres Wunder aus dem Neuen Testament nachstellen will, nämlich, übers Wasser zu gehen.

Wenn die Science Busters ihre Show „Crucifixion Party – die Physik des Christentums" im Rabenhof spielen und Abdula (früher Doris oder Alexander) und Werner Gruber einen Indoor-See-Genezareth kneten, müssen sie viel Fingerspitzengefühl beweisen. Der Rabenhof ist gerade für so ein Programm die passende Bühne, denn der Direktor des Hauses, Thomas Gratzer, ist wegen Herabwürdigung religiöser Lehren vorbestraft. Er wurde absurderweise vor Gericht schuldig gesprochen, obwohl er nur Originalzitate aus der Bibel, aus theologischen Texten, Predigten und dergleichen mehr für eine Show der Theatergruppe Habsburg Recycling[20] remixed hatte. Das Bühnenbild für Habs-

---

20 Habsburg Recycling war eine Wiener Theatergruppe, bestehend aus Thomas Gratzer, Harald Posch, Christian Gallei und Hubsi Kramar, die 1997 die kontroversen Programme *Habsburg Recyclings fröhliche X-Nacht* und *Neuevangelisierungstour* schrieb. Wegen der umstrittenen Inhalte wurden Harald Posch und Thomas Gratzer im selben Jahr wegen *Herabwürdigung religiöser Lehren* (§ 188 StGB) verurteilt.

Epilepsie beginnt

burg Recycling gestaltete damals Christian Gallei, der heute die Art Direction der Science Busters besorgt. Er entging dem Arm des Gesetzes, ist dem Thema aber doch irgendwie verbunden geblieben.

Herabwürdigung religiöser Lehren ist jedenfalls ein äußerst fragwürdiger Straftatbestand. Jede Religion, egal, ob Voodoo, Christentum, Islam oder was auch immer, fußt im Wesentlichen auf Aberglauben, unsichtbaren Geisterwesen und naturwissenschaftlich unhaltbaren Behauptungen. Wenn religiöse Menschen das gerne glauben wollen, so ist das ihre Sache, solange sie das privat machen. Sobald sich Religionen aber im öffentlichen Leben manifestieren, Gesetze mitbestimmen und Moralkodizes beeinflussen wollen, müssen sie sich gefallen lassen, dass man ihre Behauptungen an den Maßstäben der modernen Welt misst, mit den Mitteln der Naturwissenschaften überprüft und sich künstlerisch in einer zeitgemäßen Weise dazu äußert. Alles andere ist inakzeptabel.

Kommen wir zurück zum See Genezareth. Um über Wasser gehen zu können, muss man entweder sehr schnell sein oder sehr leicht. Es gibt Echsen, Basilisken aus der Familie der Leguane, die über das Wasser rennen können. Dies tun sie jedoch nur in Ausnahmefällen, wie zum Beispiel auf der Flucht vor Feinden. Ermöglicht wird es durch den Stau von Luft in Mulden unter den Füßen sowie durch die extrem hohe Geschwindigkeit. Wenn sie eine Geschwindigkeit über 80 km/h erreichen, ist das zu schnell für die Wassermoleküle, und sie können nicht mehr auseinanderweichen. Die Wasseroberfläche ist dann so fest wie Beton. Wie wenn man aus großer Höhe darauf aufschlägt. Wegen dieser Fähigkeit nennt man die Basilisken auch Jesus-Christus-Echsen. Und es gibt Insekten, die sind sehr leicht und nutzen die Oberflächenspannung des Wassers aus, um übers Wasser zu laufen. Sie werden deshalb Jesus-Käfer genannt.

Sie sehen, übers Wasser laufen ist vielleicht das populärste Wunder der Bibel. Beide Möglichkeiten stehen Menschen oder

Menschensöhnen, die beispielsweise über den See Genezareth wandeln wollen, aber nicht zur Verfügung.
Das Problem kann jedoch mit Maisstärke gelöst werden. Im richtigen Verhältnis gemischt und geknetet, ergeben Wasser und Maisstärke einen zähflüssigen Brei,
der bei Krafteinwirkung bretthart wird. Darauf könnten dann etwa zwei Sumo-Ringer ohne weiteres stun-
denlang herumhüpfen, sie würden nicht untergehen.
Sobald sie aber Pause machten und stehen blieben, ver-
sänken sie langsam in der Tiefe und würden sich nur
mit sehr viel Mühe wieder selbst befreien können.

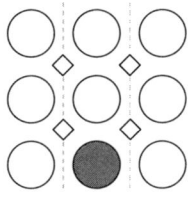

Nichts wird gesehen

Rezept für den See Genezareth 2.0

Man nehme:
ca. 1 kg Maisstärke, Marke egal, aber bitte kein Mais-
mehl
ca. 1 kg warmes Wasser (1 l)
eine große Schüssel

Zuerst den größten Teil des Wassers in die Schüssel ge-
ben und dann die gesamte Maisstärke dazugeben. Nun
kommt der knifflige Teil: Man muss das Wasser mit der
Maisstärke vermengen. Leider können einem keine
elektrischen Geräte dabei behilflich sein, man muss
schon die Finger dazu nehmen. Nun das Ganze kräf-
tig durchkneten, bis sich keine Klumpen mehr in der
„Flüssigkeit" befinden. Mit etwas übrig gebliebenem
Wasser kann man sich zum Schluss behelfen, wenn die
„Flüssigkeit" zu wenig flüssig werden sollte. Eine ganz
genaue Mengenangabe lässt sich nicht machen, denn
die aufgenommene Flüssigkeitsmenge hängt auch von
der Luftfeuchtigkeit ab.
Hat man viele Helfer oder will man ein Hartz-IV-Be-
schäftigungsprogramm starten, kann man auch mit

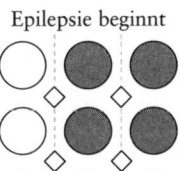

Epilepsie beginnt

115

100 kg Maisstärke arbeiten. Am besten verwendet man dann eine große Mörtelwanne.
Was kann man mit dieser „Flüssigkeit" machen? Nehmen Sie einen Hammer und schlagen Sie kräftig auf die „Flüssigkeit" ein. Vorsicht: der Hammer wird zurückprallen. Nun legen Sie den Hammer auf die „Flüssigkeit" und er wird untergehen.
Machen Sie eine Faust und schlagen Sie mit großer Kraft in die Flüssigkeit – Sie werden nicht in die Flüssigkeit eindringen. Fahren Sie ganz vorsichtig mit der Hand in die Flüssigkeit und Sie werden ganz einfach durch die Flüssigkeit dringen.
Warum zeigt diese „Flüssigkeit" dieses interessante Verhalten? Die Stärkekörner lösen sich im Wasser auf. Die Stärkemoleküle sind stark verzahnt. Geben wir den Molekülen ausreichend Zeit, können sie sich bewegen. Versuchen wir aber diese verzahnten Moleküle schnell zu bewegen, bleiben sie verhakt und damit bleibt die „Flüssigkeit" fest.

Dass der See Genezareth damals tatsächlich zur Hälfte mit Maisstärke gefüllt war, ist eher unwahrscheinlich. Andererseits steht in der entsprechenden Bibelstelle nichts über Farbe und Konsistenz des Sees, was einigen Interpretationsspielraum lässt.

Aber es könnte auch ganz anders gewesen sein. Der Heiland könnte auch über eine Eisscholle gegangen sein. „Natürlich, Eisschollen in Galiläa", werden jetzt manche einwenden, „weil es dort immer so kalt ist. Der Jänner ist dort der kälteste Monat mit Durchschnittstemperaturen zwischen 6 und 15 Grad Celsius, wie sollen sich da auf dem See Genezareth Eisschollen bilden?"

Das geht trotzdem, wenn auch sehr selten. Entweder man glaubt an Wunder oder man kennt sich mit Naturwissenschaften aus. Erstens war es früher in der Gegend deutlich kühler als heute. Die Lufttemperatur lag im Durchschnitt um mindestens drei Grad niedriger. Zweitens befinden sich auf dem Grund des See Genezareth warme Salzquellen. Wegen des hohen Salzgehalts am Boden verhindert das wärmere Salzwasser in der Tiefe, dass das kältere Wasser von der Oberfläche nach unten sinkt wie in anderen Seen. Zusätzlich kann es noch zu einer Abkühlung kommen, wenn kalter Wind über den See weht. In sehr seltenen Ausnahmefällen, quasi alle heiligen Zeiten nur, kann das Wasser so weit abkühlen, dass sich Eisschollen bilden.

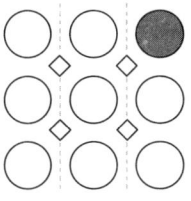

Nichts wird gesehen

Wenn das jemand weiß und Spaß versteht, dann kann er seinen Kumpels einen Streich spielen und sein Renommee als Miracle Man aufpolieren. Und ausgerechnet in der Gegend, in der angeblich auch archäologische Hinweise auf die Anwesenheit Jesu gefunden wurden, war der Menschensohn damals besonders oft auf Montage.

Jesus war ja nicht nur zu seinen irdischen Lebzeiten sehr umtriebig, sondern ist noch immer dauernd unterwegs. Auch wenn die Science Busters auf der Bühne stehen, ist er immer anwesend. Im Matthäusevangelium, Kapitel 18, Vers 20, steht: „Denn wo zwei oder drei in meinem Namen versammelt sind, da bin ich mitten unter ihnen." Das heißt, wenn die Science Busters zu viert auftreten, ist Jesus quasi immer als fünfter Beatle dabei, das gehört zu seiner Job Description.

Aber nicht nur wegen der Anwesenheitspflicht laut Matthäusevangelium haben wir mit Jesus dauernd zu tun, ob wir das wollen oder nicht. Denn vorausgesetzt, ein Mann namens Jesus hat vor rund 2000 Jahren tatsächlich gelebt, so sind laut Erhaltung der Massezahl alle seine Atome noch immer in unserem Universum zu finden. Natürlich mittlerweile in ganz anderer Funktion. Aber man kann ausrechnen, wie viele es sind und was sie heute machen.

Zwar ist der 33-jährige Jesus mit Haut und Haaren in den Himmel aufgefahren, diese letzte Ausgabe von Jesus, wenn man so will, ist also weg, aber nur ein Gramm der Gesamtmasse verbleibt während der ganzen Lebens-

Epilepsie beginnt

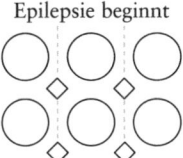

117

zeit im menschlichen Körper. Alles andere wird laufend ersetzt und bleibt auf der Erde. Nur die DNA in den Stammzellen und den Zellen, die sich nach der Geburt nicht mehr teilen (auch die meisten Zellen im Gehirn), werden nicht ersetzt. Während einer Periode von ungefähr zehn Jahren wird zum Beispiel das gesamte Skelett erneuert. Das meiste des Zimmermannssohns aus Nazareth, Atemluft, Hautschuppen, Haare et cetera, ist noch im Umlauf.

Deshalb befinden sich in jedem Menschen im Mittel mehr als 20 Millionen Atome von Jesus Christus. Wenn sich zwei Menschen treffen, sind das statistisch schon 40 Millionen.

Die Sache hat allerdings einen Haken. Alle, die sich jetzt freuen, dass sie an Jesus nicht nur glauben können, sondern er tatsächlich ein Teil von ihnen ist, tragen, statistisch gesehen, genauso viele Atome von Mohammed oder Moses oder Buddha in sich. Jeder Mensch ist sozusagen ein permanentes Religionsgründertreffen. Und nicht nur das. Der Mensch besteht aus etwa $7 \cdot 10^{27}$ Atomen. Die meisten stammen nicht von Religionsgründern. Vieles von uns war früher vielleicht eine Gulaschsuppe oder drei Fliegen oder was auch immer. Stellt sich die Frage, sind wir auch gleichzeitig ein bisschen Hitler oder Elvis Presley? Im Prinzip ja. Aber die beiden sind noch nicht lange genug tot, um eine gleichmäßige Verteilung der Atome anzunehmen. Und außerdem lebt Elvis. Das wird zumindest behauptet. Und behaupten ist bei der Heldenverehrung bekanntlich oft schon die halbe Miete.

Berechnung der Anzahl der Jesusatome
Gesamtmasse der Lufthülle, Ozeane und Kruste: ca. $23 \cdot 10^{21}$ kg
Anzahl der Atome im Menschen: ca. $7 \cdot 10^{27}$
Masse von Jesus: ca. 70 kg
Verdünnung von Jesus in der Biosphäre: ca. $70/(23 \cdot 10^{21}) = 3 \cdot 10^{-21}$
Anzahl der Atome von Jesus in einem heutigen Menschen mit 70 kg: ca. $7 \cdot 10^{27} \cdot 3 \cdot 10^{-21} = 21 \cdot 10^{6}$

Der Rest von Jesus ist laut der sogenannten Heiligen Schrift in den Himmel aufgefahren. Das konnte er, weil er als Sohn Gottes angeblich alles kann. Aber kann man auch in den Himmel auffahren, wenn man nicht der Sohn eines Gottes ist? Einfach so, ohne Rakete?

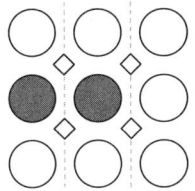

Nichts wird gesehen

Tatsächlich gäbe es zumindest eine Möglichkeit, nämlich mithilfe von Antimaterie. Es wäre möglich, dass Jesus sich mit einem Anti-Jesus vollkommen in Strahlung verwandelt hat. Wohlgemerkt nicht mit einem Anti-Christen, sondern mit einem Antimaterie-Jesus, sodass die gesamte Materie mitsamt der Antimaterie verschwindet. Die Materie wurde in Strahlung umgewandelt. Damit kann sie mit Lichtgeschwindigkeit transportiert werden. Sobald ein solches Photon in die Nähe eines entfernteren Atomkerns gelangt, etwa im Himmel, zur Rechten des Vaters, entsteht aufgrund der hohen Feldstärke in der Nähe ein Teilchen-Antiteilchen-Paar aus dem Photon. Befindet sich zusätzlich ein starkes Magnetfeld in der Nähe, kann das Antiteilchen abgesaugt werden und das Materieteilchen existiert nun weiter. Mit ein bisschen Geduld könnte so der gesamte Leib Christi im Himmel wiederhergestellt werden.

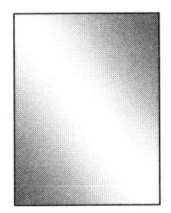

Technisch wäre so eine Himmelfahrt ohne Rakete also machbar. Allerdings würde dadurch bei einem Jesus und Anti-Jesus von je 75 Kilogramm eine Energie frei, die etwa 3000 Millionen Tonnen TNT entspricht. Das klingt nicht nur nach einer gewaltigen Explosion, das wäre auch eine. Da würde etwa 60-mal mehr Energie frei als bei der größten jemals gezündeten Wasserstoffbombe, der Zar-Bombe. Kann man sagen: für eine Heilandsauferstehung an sich nicht unangemessen. Damit Sie aber einen Vergleich der Größenordnungen haben: Um ein Hochhaus zu sprengen, braucht man gerade mal zwischen 50 und 100 Kilogramm Sprengstoff.

Epilepsie beginnt

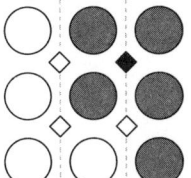

119

Eine Auferstehung mit 3000 Millionen Tonnen TNT würde durch die Druckwelle eine totale Zerstörung im Umkreis von zehn Kilometern bewirken. Eine sehr rohe Form der Städteplanung. Nachdem die Grabeskirche in Jerusalem aber noch heute als Wirtschaftsfaktor der Region eine bedeutende Rolle spielt und aus der Schrift keine Verwüstung Jerusalems um Pessach circa 33 nach Christus bekannt ist, ist die Auferstehung des Gesalbten mithilfe eines Antimateriegesalbten nur ungenügend erklärbar.

Antimaterie

Antimaterie ist Materie, die aus Antiteilchen aufgebaut ist, so wie die uns umgebende „normale" Materie eben aus „normalen" Teilchen besteht. Antiteilchen sind in manchen physikalischen Eigenschaften gespiegelte Teilchen, etwa mit entgegengesetzter elektrischer Ladung, aber derselben Masse. So zum Beispiel beim Elektron und dessen Antiteilchen, dem Positron. Beim Zusammentreffen von Materie und Antimaterie verwandeln sich beide sofort vollkommen in hochenergetische Strahlung.

Die Sprengkraft von einem Viertelgramm Antimaterie würde etwa 10.000 Tonnen TNT entsprechen, also ungefähr der Atombombe von Hiroshima. Aber man kann nur eine minimale Menge von Antimaterie von einem Milliardstel eines Milliardstel-Gramms in sogenannten elektromagnetischen Fallen speichern. Und für die Herstellung von einem Viertelgramm Antiprotonen würde das CERN 500 Millionen Jahre brauchen. Die Produktion würde circa 250 Billionen Euro kosten.

Aber es gab auch riesige Vorkommen von Antimaterie im Universum. Gleich nach der Entstehung des Universums gab es fast genauso viel Materie wie Antimaterie, wobei fast die gesamte Materie und Antimaterie miteinander sofort wieder zerstrahlt sind. Aber eben nur fast. Bis auf einen kleinen Anteil Materie war das Universum symmetrisch. So wie der menschliche Körper. Und auf einem Nasenflügel war ein Eiterwimmerl[21], das ist übrig geblieben und daraus ist unser Universum entstanden. Ein sehr volkstümliches Bild, aber nicht ganz falsch. Unser Universum ist quasi ein expandierendes Eiterwimmerl.

Nichts wird gesehen

Aber der Schrift zufolge ist nicht nur Jesus in den Himmel aufgefahren, auch in der Gegenrichtung hat es Flugverkehr gegeben.

Die Frage, wie viel Sprit ein Erzengel verbraucht, lässt sich nicht beantworten, aber man kann untersuchen, wie er gebaut sein hätte müssen, um überhaupt fliegen zu können. Wenn man der Ikonografie glaubt, sind Engel ordentliche Mannsbilder. Kraft und Ausdauer müssten also ausreichend vorhanden sein. Das Problem ist, dass das Gewicht mit dem Volumen zunimmt, der Auftrieb nur mit der Flügelfläche: Wenn zum Beispiel die Größe eines Vogels um den Faktor 10 zunimmt, nehmen das Volumen und das Gewicht um den Faktor $10 \cdot 10 \cdot 10 = 1000$ zu, während die Flügelfläche nur um den Faktor $10 \cdot 10 = 100$ zunimmt. Es gibt daher ein Maximalgewicht.

Die Großtrappe, der größte lebende flugfähige Vogel, wird bis zu einem Meter groß, hat eine Flügelspannweite von 2,6 Metern und bringt bis zu 18 Kilogramm auf die Waage. Das wäre aber ein sehr kleiner Erzengel, der sicher kaum jemandem imponierte. Früher gab es allerdings auch größere, flugfähige Tiere. Vor 70 bis 80 Millionen Jahren lebte ein Flugsaurier namens Quetzalcoatlus. Mit neun Meter Größe, zwölf

Epilepsie beginnt

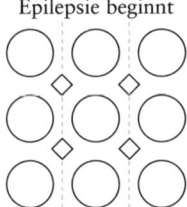

---

21 *österr. ugs. für* Aknepickel

121

Meter Flügelspannweite und etwa 40 Kilogramm Gewicht/Masse hatte er die Ausmaße eines Kleinflugzeugs. Sein Geheimnis waren luftgefüllte Röhrenknochen. Er konnte vor allem im Gleitflug fliegen und nur bei äußerst günstigen Windverhältnissen starten.

Wenn also tatsächlich ein Erzengel zu Maria geflogen sein sollte, dann hätte er eher ausgeschaut wie ein magersüchtiger Skispringer mit einer Flügelspannweite von neun bis zwölf Metern. Um Maria die frohe Botschaft zu überbringen, wäre er vielleicht heruntergeglitten, hätte kurz „Du bist gebenedeit!" gerufen, worauf er sofort durchstarten und die Schnauze hochziehen hätte müssen, um wieder in den Himmel zurückzukommen.

Aber nicht nur in den Schriften des Christentums, auch im Islam fahren Wesen ohne Flugsicherung und Beleuchtung durch die Lüfte. Von Mohammed wird erzählt, er sei mit einem geflügelten Pferd herumgeflogen. Mit Buraq. Immerhin von Mekka nach Jerusalem und retour, eine ganz schöne Strecke. Buraq ähnelt dem Pegasus, nur mit Menschengesicht. Ein fliegender Zentaur quasi. Und Pferde sind ja in der Regel schwerer als Menschen. Wenn sie noch dazu einen Erwachsenen transportieren müssen, dann müssen sie deutlich stabiler gebaut sein als der Flugsaurier Quetzalcoatlus. Ein fliegendes Pferd mit ungefähr 500 Kilogramm Körpergewicht inklusive Mohammed bräuchte Flügel mit einer Fläche von 50 Quadratmetern. Das heißt, bei einer Flügelbreite von einem Meter müsste es eine Flügelspannweite von mindestens etwa 50 Metern haben.

Bei den dadurch entstehenden Belastungen würden die Muskeln und Knochen des Pferdes einfach reißen und brechen. Deshalb gibt es keine größeren flugfähigen Tragtiere auf der Erde. Auch der Mond, mit nur einem Sechstel der Schwerkraft der Erde, hätte noch immer zu viel Gravitation dafür. Damit so ein Pferd fliegen kann, müsste die Schwerkraft mindestens um den Faktor 28 kleiner sein. Auf dem Zwergplaneten Ceres, zwischen Mars und Jupiter, beträgt die Schwerkraft sogar nur 1/36 der Erde. Dort könnte man zwar die Belastungen eines Starts ertragen, aber die

Schwerkraft auf dem Zwergplaneten ist insgesamt zu klein, um eine Lufthülle zu halten. Und ohne Luft kann man nicht fliegen, denn dann gibt's keinen Auftrieb. Das heißt, wenn man fliegende Pferde haben will, braucht man entweder starke Rauschmittel oder einen festen Glauben. Oder sehr, sehr kleine Pferde.

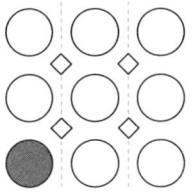

Nichts wird gesehen

Fliegende Pferde, Heilande, die auf Maisstärkebrei übers Wasser gehen, Wallfahrtsorte in der Schwerelosigkeit – wer sein reales, irdisches Leben im 21. Jahrhundert nach irrealen, überirdischen Maßstäben ausrichtet, muss damit rechnen, komisch angeschaut zu werden. Evolutionsbiologisch betrachtet sind religiöse Menschen allerdings im Vorteil. Denn statistisch gesehen haben sie mehr Kinder als Ungläubige, und das ist der Selektionsvorteil schlechthin. Point taken! Der einzige Parameter, der in der Evolution zählt, ist die Weitergabe der eigenen Gene auf die Nachwelt. Genau das nämlich bedeutet Survival of the fittest, und nichts anderes: Wer am meisten seiner Erbanlagen in die nächste Generation bringt, ist erster Sieger. Was dann allerdings mit den Trophäen dieser Siege passiert, was zum Teil mit den Kindern in den Heimen und Pfarren und Koranschulen gemacht wird, steht auf einem anderen Blatt.

In letzter Zeit sind Christentum und Islam nämlich weniger wegen ihrer obskuren Flugwesen ins Gerede gekommen, sondern wegen nahezu unzähliger Gewalttaten, die in ihrem Namen verübt wurden. Der Islam wegen Terroranschlägen und Selbstmordattentaten und die katholische Kirche wegen der Prügelorgien und der massiven sexuellen Übergriffe in ihren Heimen und Pfarren. Der katholische Bischof von Augsburg, Walter Mixa, etwa musste im Jahr 2010 zurücktreten, als be-

Epilepsie beginnt

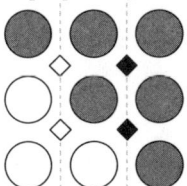

123

kannt wurde, dass er als Stadtpfarrer von Schrobenhausen in den siebziger und achtziger Jahren im Kinderheim St. Josef mit Gegenständen „schwere körperliche Züchtigungen" an Kindern vorgenommen haben soll. Er soll Kinder mit dem Stock und mit dem Gürtel verdroschen und unter anderem gesagt haben: „In dir ist der Satan, den werde ich dir schon austreiben." Die dort beschäftigten Nonnen hätten Mixa auch noch häufig mit den Worten „Hau nei ... hau nei ..." angestachelt.[22]

Warum Walter Mixa der Meinung war, den Satan mit Gewalt aus den Kindern austreiben zu können, ist auch aus theologischer Sicht unverständlich. Denn seit Jahrhunderten praktiziert die katholische Kirche quasi eine homöopathische Version der Teufelsaustreibung, den Exorzismus. Wer glaubt, dass Exorzismus ein längst überwundenes Phänomen aus der Vergangenheit ist und Exorzist ein aussterbender Beruf, der täuscht sich gewaltig. Unter Papst Benedikt XVI. und seinem Vorgänger Johannes Paul II. wurden und werden jede Menge Exorzisten ausgebildet. 2003 wurden in Italien etwa 200 Priester als Exorzisten bestellt. Dem Vernehmen nach sollen weitere 3000 neue Exorzisten ausgebildet werden. Gewissermaßen eine papale Lehrlingsoffensive.

Was aber ist Exorzismus überhaupt? Die meisten Menschen stellen sich das so vor wie in dem Hollywoodfilm „The Exorcist" von William Friedkin: Ein besessener Mensch ist sehr ordinär und gewalttätig und erbricht gern mit viel Druck. Im Einzelfall kann er auch seinen Kopf um 360 Grad drehen. Und ganz falsch ist das offenbar auch gar nicht.

In der Erzdiözese Wien gibt es, wie in fast jedem Bistum, einen eigenen Exorzisten, der behauptet, im Jahr bis zu 50 große Teufelsaustreibungen vorzunehmen.[23] Und das im 21. Jahrhun-

---

22 http://orf.at/100514-51213/?href=http%3A%2F%2Forf.at%2F100514-51213 %2F51214txt_story.html, Zugriff am 23.5.2010

23 Larry P. Hogan, Professor für Altes Testament und Exorzist der Erzdiözese Wien, http://www.medical-tribune.at/dynasite.cfm?dsmid=83093&dspaid= 653602, Zugriff am 23.5.2010

dert, in Europa, mitten in einer Großstadt. Nur falls Sie sich einmal fragen sollten, was mit Kirchensteuern auch bezahlt wird.

Der Weltmeister im Dämonenbesiegen und Teufelsaustreiben wohnt allerdings in Italien. Der katholische Priester Gabriele Amorth ist Präsident der Internationalen Vereinigung der Exorzisten und Exorzist der Diözese Rom. Nach eigenen Angaben hat er in 21 Jahren über 70.000 Teufelsaustreibungen durchgeführt. Das wären etwa neun Exorzismen pro Tag, und wenn man jeweils eine halbe Stunde berechnet, so hat er viereinhalb Stunden pro Tag nichts anderes gemacht, als Teufel ausgetrieben. Dass das nicht gesund sein kann, lässt sich jedenfalls vermuten. Amorth behauptet beispielsweise, ohne rot zu werden, ein Kollege von ihm, der sich einen Strichjungen in seine Wohnung bestellt hatte, um sich mit ihm sexuell zu vergnügen, habe das nicht aus Lüsternheit gemacht, sondern weil ihn der Teufel dazu getrieben habe.[24]

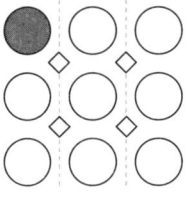

Nichts wird gesehen

Was macht ein Exorzist, wenn er loslegt? Zuerst muss man unterscheiden zwischen dem „kleinen Exorzismus" und dem „großen Exorzismus". Der kleine Exorzismus wird bei der Taufe quasi mit dem römisch-katholischen Betriebssystem automatisch mitinstalliert und befreit den Täufling angeblich von der sogenannten Erbsünde. Der große Exorzismus is the real thing.

Das Ritual ist nach dem Manual der römisch-katholischen Kirche wie folgt aufgebaut: Bedrohung – Namenserfragung – Ausfahrwort – Rückkehrverbot.

24 http://www.spiegel.de/panorama/gesellschaft/0,1518,511591,00.html, http://www.spiegel.de/panorama/0,1518,527076,00.html, Zugriff jeweils am 23.5.2010

Epilepsie beginnt

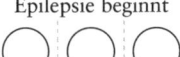

125

Es ist ein bisschen, wie wenn man mit dem Auto gegen die Einbahnstraße fährt und in eine Verkehrskontrolle gerät. Der Exekutivbeamte erklärt zuerst, warum er einen angehalten hat, verlangt dann Führerschein und Fahrzeugpapiere, gibt Anweisung, sofort umzukehren, und rät dringend, die Gesetzesübertretung nicht zu wiederholen. Warum der Exorzist, während er den Teufel austreibt, überhaupt nach dem Namen fragen muss, liegt daran, dass der Teufel auch nicht immer selber Zeit hat. Manchmal schickt er einfach Dämonen als Vertretung. Das Böse in der Kirche ist also eine Art Franchiseunternehmen.

Nach allem, was wir heute wissen, kann man allerdings sagen, den Teufel gibt es nicht, Besessenheit als Krankheitsbild existiert nicht, und Exorzismus ist als Therapie bestenfalls völlig wirkungslos. Das, was sogenannte Teufelsaustreiber als Besessenheit diagnostizieren, sind in der Regel manifeste psychische Störungen. Oft handelt es sich dabei um Schizophrenie. Schizophrene Patienten zu behandeln, ist ohnedies nicht einfach, weil sich die Kranken in der Regel nicht als krank begreifen. Und je länger man eine klinische Behandlung hinauszögert, etwa durch einen Exorzismus, desto schwieriger wird die Therapie.

Erfahrene Exorzisten erzählen aus ihrem Berufsalltag, dass von den Besessenen viel erbrochen wird, Gegenstände und lebende Tiere, teilweise durchs ganze Zimmer, also über beträchtliche Distanzen. Wenn man als kranker Mensch in die Fänge eines Exorzisten gerät, dann kann man schon in Rage geraten, und wenn man an Händen und Füßen gefesselt ist, hat man halt nur den Mund frei. Trotzdem ist es eine tolle sportliche Leistung, auch nur etwa einen kleinen Gegenstand wie einen Ring mit so viel Druck zu erbrechen, dass man eine gute Weite erzielt. Olympisch wird diese Disziplin zwar vermutlich nie werden, aber wenn man trotzdem üben will, um auf die Behandlung durch einen Exorzisten vorbereitet zu sein, dann muss man Folgendes berücksichtigen: Der Magen sollte klein sein, damit durch Überfüllung großer Druck aufgebaut werden kann, die Lippen müssen geschürzt werden, um die Wirkung einer Düse zu erzielen, und es ist besser, man lädt als Munition nicht Schweinsbraten, sondern Erdbeerjoghurt.

Erdbeerjoghurt gehört in unseren Breiten zu den beliebtesten Fruchtjoghurts überhaupt, und selbst wenn man damit nicht die Geschmacksrichtung des Exorzisten trifft, oder der sogar allergisch auf Erdbeeren reagiert, braucht man sich kaum Sorgen zu machen. Denn etliche Erdbeerjoghurts, die im Supermarkt im Regal stehen, kennen die namensgebende Frucht höchstens vom Hörensagen.

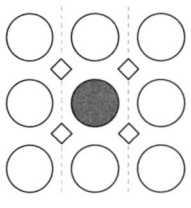

Nichts wird gesehen

Schizophrene Psychosen
Nicht zuletzt in manchen Hollywoodfilmen wird über das Krankheitsbild der Schizophrenie ein falsches Bild vermittelt. So glauben viele Menschen, man verstehe darunter, dass zwei oder mehr Personen in einem Gehirn lebten. Frei nach Dr. Jekyll und Mr. Hyde. Das gibt es, wenn auch sehr selten, auch, es handelt sich dabei aber um das Krankheitsbild einer multiplen Persönlichkeit.

Ebenso sollte man vermeiden, den Begriff Psychose mit Schizophrenie gleichzusetzen, denn es gibt mehrere Arten von Psychosen. Eine spezielle davon ist die Schizophrenie.

Als Schizophrenie bezeichnet man eine schwere Störung des Denkens, Fühlens, Empfindens, Wahrnehmens und Verhaltens. Personen mit einer Schizophrenie hören Stimmen oder sehen Dinge, die es nicht gibt. Sie haben Halluzinationen, wobei allein durch das Vorhandensein von Halluzinationen noch kein Rückschluss auf Schizo-

Epilepsie beginnt

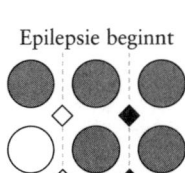

phrenie gezogen werden darf. Es kommt zu einer Zersplitterung und Aufspaltung des Denkens, Fühlens und Wollens. Schizophrenie tritt mit einer Wahrscheinlichkeit von 1 zu 100 auf. Damit ist sie eine relativ häufige Erkrankung. Als auslösende Ursachen gelten ein gestörtes soziales Umfeld und/oder eine Störung der Gehirnfunktion. Eine eindeutige Ursache ist bis heute nicht bekannt.

Eugen Bleuler definierte als Erster das Krankheitsbild über Wortassoziationen. Er stellte fest, dass eine Störung des Assoziierens typisch für diese Krankheit ist („Heu ist ein Unterhaltungsmittel für Kühe"). Über den semantischen Bahnungseffekt kann relativ leicht das Assoziationsverhalten überprüft werden. Der Proband muss ein Wortpaar lesen und angeben, ob das zweite Wort aus dem Deutschen stammt oder nicht. Verwendet wurden assoziative Wortpaare wie weiß::schwarz oder Bruder::Schwester und nicht-assoziative Wortpaare wie Wolke::Käse oder Kaffee::Benzin.[25] Der Proband musste über Fingerdruck bestimmen, ob das zweite Wort assoziativ oder nicht-assoziativ ist. Es wurden nur die „Ja"-Entscheidungen gewertet und der jeweilige Mittelwert gebildet. Im Regelfall werden assoziative Wortpaare schneller erkannt als nicht assoziierte Wörter. Das bezeichnet man als den semantischen Bahnungseffekt. Bei Personen mit einer denkgestörten Schizophrenie ist der Bahnungseffekt besonders groß.

Bei schizophrenen Personen können oft indirekte Assoziationen beobachtet werden. Das heißt, es gibt ein nicht ausgesprochenes Bindeglied. Assoziation zu Nikotin – Forelle. Erklärung: Nikotin im Rauch verursacht Krebs, Krebse leben im Wasser wie Forellen.

Bei Patienten mit Schizophrenie erscheinen vorher vertraute Dinge unheimlich. Dadurch werden die Patienten misstrau-

---

25 :: steht für assoziativ.

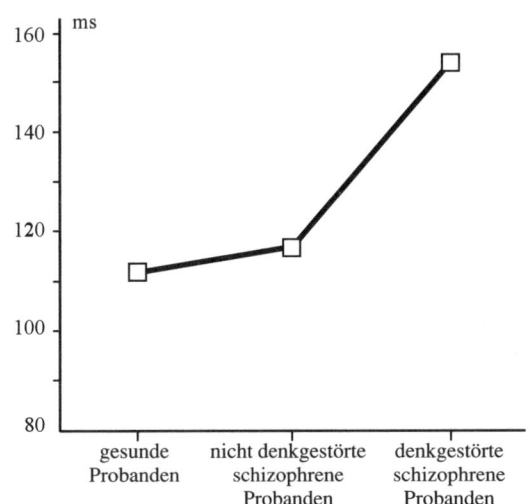

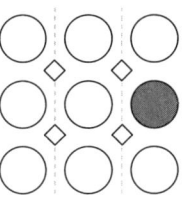

Nichts wird gesehen

Abb. 16: Abweichung der Zeitunterschiede beim Assoziieren von Wörtern zwischen gesunden und denkgestörten Personen. Die Messkurve mit den Rechtecken wurde von Spitzer et al. erstellt. (Nachbearbeitet aus: Manfred Spitzer: Geist im Netz. Modelle für Lernen, Denken und Handeln. Heidelberg: Spektrum 2000)

isch und ziehen sich noch mehr zurück. Sie empfinden sich manchmal als ferngesteuert. Es kommt zu einer Störung des Ich-Erlebens. Interessanterweise kann die Störung des Ich-Erlebens plötzlich auftreten und auch wieder plötzlich verschwinden. Bei manchen Patienten ergeben sich sehr regelmäßige Rhythmen. Diese Störung des Ich-Erlebens kann zu Selbstmord führen. Bei rund zehn bis 15 Prozent aller Schizophrenen kommt es zu einem Suizid.

Für Personen mit dem Krankheitsbild Schizophrenie sind Halluzinationen charakteristisch. Meist treten akustische Halluzinationen auf. Dies kann bei rund 80 Prozent der Patienten beobachtet werden.

Epilepsie beginnt

129

Viele Betroffene leiden in einer akuten Phase an Schlafstörungen. Nach dem Abklingen eines Schubs kann eine depressive Phase auftreten. Die Schizophrenie kann sowohl schubweise als auch chronisch verlaufen. Ein Schub kann von ein paar Wochen bis zu ein paar Monaten dauern. Zwischen den Schüben kann es zu einer vollständigen Rückbildung aller Symptome kommen, oder aber manche Restsymptome bleiben erhalten. Dazu zählen vor allem soziale Isolation, Beeinträchtigung der körperlichen Hygiene, Depressivität und Antriebsmangel. Der erste Schub tritt – bei Männern – in der Regel vor dem 30. Lebensjahr auf. Bei Frauen erfolgt der erste Schub meist später, und zwar ab dem 40. Lebensjahr. Typischerweise treten die ersten Schübe bei belastenden oder verändernden Lebenssituationen, etwa Auszug aus dem Elternhaus, Heirat oder Arbeitsplatzwechsel, auf.

Möglicherweise wird die Schizophrenie durch das Stresssystem beeinflusst. Genaue Daten liegen aber noch nicht vor. Man geht davon aus, dass bei schizophrenen Patienten eine Störung der fokussierten Aufmerksamkeit vorliegt. Verschiedene Systeme im Gehirn versuchen die Synchronisationen zwischen verschiedenen Gebieten im Zaum zu halten. Nur so können wir uns auf etwas konzentrieren. Wenn die Assoziationsfähigkeit zu groß wird, werden nicht korrelierte Reize miteinander verknüpft. Damit können wir die Umwelt nicht mehr sinnvoll einschätzen. Genau diese fokussierte Aufmerksamkeit wird über den Neurotransmitter Dopamin gesteuert. Die Neuronen des Dopaminsystems aktivieren vor allem das Arbeitsgedächtnis. Neuroleptika blockieren die Dopaminrezeptoren in der Großhirnrinde. Dies führt zu einer geringeren Assoziationsfähigkeit und es können auch keine spontanen Synchronisationen (Halluzinationen) entstehen.

Bei Patienten mit Schizophrenie wurde auch eine Hypofrontalität festgestellt. Dabei handelt es sich um eine verminderte Aktivität des Frontalhirns.

Neurophysiologisch gesehen gibt es mehrere Möglichkeiten für eine Erkrankung an Schizophrenie:

1. Die dopaminergen Synapsen schütten zu viel Dopamin aus.
2. Die dopaminergen Synapsen schütten zu wenig Dopamin aus, aber die Rezeptoren reagieren hypersensitiv (überempfindlich).
3. Die dopaminergen Rezeptoren reagieren überempfindlich.
4. Ein anderes System, das antagonistisch zum Dopaminsystem wirkt, ist zu wenig aktiv.

Tatsächlich fand man im frontalen Cortex von Patienten mit Schizophrenie weniger Neuronen, welche Glutamat als Neurotransmitter verwenden (Glutamat wirkt erregend, während Dopamin hemmend wirkt). Prinzipiell sind die Gehirne von Patienten mit Schizophrenie leichter und die Ventrikel (Hohlräume im Inneren des Gehirns) sind vergrößert. Es gibt Hinweise, dass Neuronen im Hippocampus (eine Struktur des Gehirns, die für die Speicherung von Signalen wichtig ist) untypisch angeordnet sind. Einige Experimente deuten auf eine abnorme Aktivität des präfrontalen Cortex hin.

Ebenso stellte man fest, dass Personen mit einer Schizophrenie bei Tests des verbalen und nonverbalen Langzeitgedächtnisses, die den rechten und linken Frontallappen betreffen, schlechter abschnitten. Diese schlechten Resultate wurden auch dann erzielt, wenn gerade kein psychotischer Schub auftrat. Allerdings gibt es auch Personen, auf die diese anatomischen Gegebenheiten zutreffen, die aber nicht an einer Schizophrenie erkranken oder erkrankt sind.

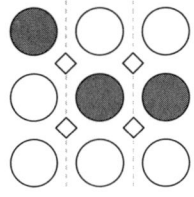

Martin Puntigam wird gesehen

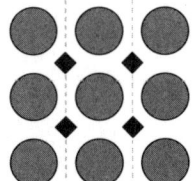

Epilepsie besteht

131

Die Schizophrenie kann praktisch nicht geheilt werden. Es können nur die Symptome zum Verschwinden gebracht werden. Dies geschieht vor allem durch Neuroleptika. Diese haben aber starke Nebenwirkungen wie Bewegungsstörungen oder Bewegungsunruhe. Die Minus-Symptomatik, wie Antriebsschwäche, Depression oder sozialer Rückzug, kann durch Neuroleptika nicht unterbunden werden. Deshalb werden zusätzlich Antidepressiva und angstlösende Medikamente verschrieben. Wichtig sind soziotherapeutische Maßnahmen wie Arbeitstherapie, um eine Tagesstruktur zu etablieren. Bei der Schizophrenie besteht die Gefahr, dass die Betroffenen Probleme mit dem sozialen Umfeld haben, den Arbeitsplatz verlieren und der soziale Abstieg erfolgt. Einem Drittel der Patienten kann mit Neuroleptika vollständig geholfen werden und es bilden sich alle Symptome zurück. Bei einem weiteren Drittel bleiben zwischen den Schüben Restsymptome vorhanden und es kommt zu neuerlichen Schüben, beim restlichen Drittel nimmt die Krankheit einen schweren chronischen Verlauf.

Man unterscheidet verschiedene Formen der Schizophrenie:
Paranoide Schizophrenie: Sie ist die am häufigsten vorkommende Schizophrenie. Es treten vor allem Wahnvorstellungen und Halluzinationen auf. Es gibt keine Minus-Symptomatik.
Hebephrenie: Die Patienten werden häufig als verflacht und emotional verarmt beschrieben. Die Hebephrenie tritt vor allem während der Pubertät auf. Damit ist es schwierig, diese Erkrankung von allgemeinen Pubertätsstörungen zu unterscheiden.
Schizophrenia simplex: Die Erkrankung setzt langsam und schleichend ein. Allerdings fehlen Halluzinationen oder paranoide Symptome. Patienten mit dieser Erkrankung werden oft als verschroben oder seltsam empfunden. Die Behandlungsprognose ist eher schlecht.

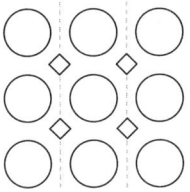

Katatone Schizophrenie: Es treten psychomotorische Störungen, etwa Haltungsstereotypien (eine ungewöhnliche Haltung wird längere Zeit nicht verändert), Stupor (kaum oder gar keine Bewegung) oder Rigidität (Beibehalten einer starren Haltung), auf. Während der katatonischen Zustände können Halluzinationen auftreten. Bei katatonem Stupor können Personen nicht auf die Toilette gehen. ACHTUNG: Lebensgefahr!

Martin Puntigam
wird gesehen

Auch der Wahn ist eine Störung des Denkens. Es kommt zu einer gedanklichen Fokussierung auf einen speziellen Gegenstand. Wird die Schizophrenie nicht behandelt, kommt es zum Wahn. Es existieren gewisse unkorrigierbare Urteile, deren Inhalte unmöglich, unwahrscheinlich oder einfach falsch sind. Bei einer Überprüfung der Fakten hält ein Wahnkranker an seinen Vorurteilen fest. Meist ist dieses Verhalten mit Angst, Misstrauen oder gesteigerter Wachheit verbunden. Belanglose Ereignisse werden überinterpretiert. Im Prinzip handelt es sich um eine Stabilisierung der Synchronisation. Durch die Schizophrenie ausgelöst, können obskure Synchronisationen auftreten. Wenn ein und dasselbe Synchronisationsmuster beziehungsweise ein und dieselbe Assoziation öfter auftreten, bilden sich neue Synapsen.
Bei chronischem Wahn helfen keine Neuroleptika mehr. Es haben sich schon neue, die Informationsverarbeitung betreffende Synapsen gebildet.

Epilepsie besteht

Kapitel 6: Liebe

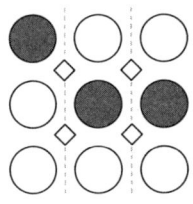

Martin Puntigam
wird gesehen

Wenn die Science Busters nach etwa 80 Minuten ihrer Show „Moderne Mythen – Von Mondlandungslügen, Schwarzen Minilöchern und Petting mit Außerirdischen" im Rabenhof in die Pause gehen, kann das Publikum die Kulturleistung, die dahinter steht, nur im Einzelfall erahnen.

Die Vorform der Science Busters im Jahre 2006, gewissermaßen der Australopithecus der Science Busters, war unter viereinhalb Stunden nicht zu bekommen. Heinz Oberhummer und Werner Gruber begrüßten das Publikum mit einer dreiviertelstündigen Einleitung, zeigten dann einen zweistündigen Hollywoodfilm in voller Länge (während sie selber essen gingen), um im Anschluss eine Stunde über das Thema des Films zu referieren und danach eine Dreiviertelstunde Fragen zu beantworten. Das Publikum war danach mit Wissen gemästet – und gerädert.

Glücklicherweise erkannten die beiden Physiker, dass das Beenden eines Redeflusses nicht zu ihren Stärken zählt, und begaben sich auf die Suche nach einem Moderator. Es sollte ein Kabarettist sein, denn, so die Rechnung der gesprächigen Naturwissenschaftler, wenn man einen wissenschaftlichen Vortrag als Kabarett tarnt, verliert das Publikum die Scheu und kommt zur Futterkrippe. Und dann kann man es impfen. Das Auswahlverfahren verkürzte sich dadurch extrem, dass die beiden so gut wie keine Kabarettisten kannten. Die akademische Welt ist zwar kein Paralleluniversum im

Epilepsie besteht

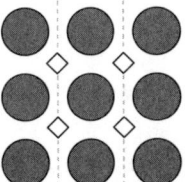

135

naturwissenschaftlichen Sinn, aber Verschränkungen mit der echten Welt finden mitunter nur punktuell statt.

Zufällig hatte Martin Puntigam Ende des letzten Jahrhunderts ein Solokabarettprogramm geschrieben, in dem es um Elementarteilchenphysik ging. Er spielte darin einen promovierten Physiker, der auf eine Anstellung im modernsten Teilchenbeschleuniger der Welt wartet (für den der damals in Planung befindliche LHC in Genf als Vorbild diente), bis zu seiner Berufung aber als Up-Quark in einem Vergnügungspark namens Teilchenbeschleunigerland im Elementarteilchenballett mittanzen muss. Das Programm erwarb sich einen gewissen Ruf in der Science Community und kam dank der Vermittlung von Joszko Strauss von der Akademie der Wissenschaften sogar in Genf unter anderem vor Physikerinnen und Physikern des CERN zur Aufführung. Und auch am Atominstitut in Wien gab es eine Darbietung – jenem Institut, an dem damals Heinz Oberhummer als Kernphysiker forschte. Und als der sich Jahre später mit Werner Gruber auf die Suche nach einem Kabarettisten mit naturwissenschaftlicher Schlagseite machte, schloss sich der Kreis zwangsläufig. Denn die Grundmenge „Kabarettisten, die sich für Physik interessieren" ist schon klein, aber die Schnittmenge „Kabarettisten, die sich für Physik interessieren und Heinz Oberhummer und/oder Werner Gruber bekannt sind" ist fast nur noch mit dem Rasterelektronenmikroskop zu erkennen.

Als Science Busters bekamen die drei in Tateinheit mit Christian Gallei das Problem der Überlänge in den Griff und konnten dann eben nach 80 Minuten in die Pause gehen. Mit der Zeit haben sich die Science Busters angewöhnt, das Publikum in der Pause mit Naschereien gefügig zu machen. In der Show „Moderne Mythen" wird beispielweise in der Pause eine Scheibtruhe[26] voller Erdbeerjoghurts zur freien Entnahme angeboten. Und obwohl Fruchtjoghurt mit Erdbeergeschmack angeblich das belieb-

---

26 österr. für Schubkarre

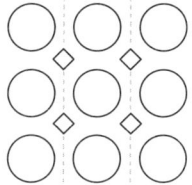

teste Joghurt in unseren Breiten ist, hält sich der Zustrom zur Scheibtruhe meist in Grenzen. Das liegt sicher auch daran, was die Science Busters davor über Erdbeerjoghurt erzählt haben. Denn das Blöde an Erdbeeraroma ist, dass es weltweit nicht einmal annähernd genug Erdbeeren gibt, um auch nur alle Joghurts damit zu aromatisieren. Da sind Erdbeertörtchen und Erdbeerkaugummis noch gar nicht mitgezählt. Wie schafft man es trotzdem, all diese Produkte mit Erdbeeraroma auf den Markt zu bringen? Ganz einfach, indem man sich mehr aufs Aroma konzentriert und weniger auf die Erdbeeren.

Erdbeeraroma und viele andere Aromen werden heute von Bakterien hergestellt. In riesigen Tanks werden speziell modifizierte Bakterien mit einer Nährlösung gefüttert, und als Dank dafür scheiden sie als Stoffwechselprodukt Erdbeeraroma aus. Wie Sie sich das genau vorstellen wollen, können Sie sich aussuchen. Aber eines gleich vorweg: Bakterien können nicht schwitzen. Biochemisch ist das heute jedenfalls keine große Hexerei mehr. Woher bekommt man aber die Bakterien, die so was können? In der Natur gibt es sie nicht. Angeblich stammen sie aus Babywindeln. Das liebste Bakterium des Biochemikers von Welt ist Escherichia coli, ein Bakterium, das uns als Mitbewohner im Darm hilft, gesund zu bleiben. Außerhalb des Darms kann es zu unangenehmen Infektionen führen – oder eben Erdbeeraroma machen. Darmbakterien aus Babywindelkot sind dem Vernehmen nach unter anderem die Grundlage für solche Bakterienkulturen. Das heißt, wenn man wegen Durchfalls zum Arzt geht, und der rät, man solle zum Wiederaufbau der Darmflora Joghurt essen, dann wächst unter Umständen zusammen, was zusammengehört. Das klingt vielleicht nicht be-

Martin Puntigam
wird gesehen

Epilepsie besteht

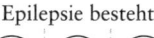

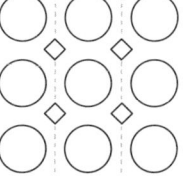

137

sonders appetitanregend, aber giftig oder ungesund ist so ein Erdbeerjoghurt deshalb natürlich nicht. Und in vielen Erdbeerjoghurts sind ohnedies echte Erdbeeren drin. Man muss sich eben durchkosten. Und wenn Sie unbedingt mit Joghurt etwas für Ihre Darmflora tun möchten, dann sollten Sie sowieso kein aromatisiertes Joghurt essen, sondern sogenanntes Naturjoghurt. Einfaches Joghurt ohne klingenden Namen reicht. Wenn Sie mehr Geld ausgeben wollen für probiotische Superheldenjoghurts oder Joghurtgetränke mit Zusatzskills gegen „unerwünschte Bakterien" und Ähnliches, dann freuen sich die Hersteller dieser modischen Nahrungsmittel, weil ihre Gewinnspanne rasant steigt. Ihrer Darmflora bringt es keinen Zusatznutzen.

Was man allerdings ausdrücklich erwähnen muss, ist Folgendes: Wer gerne Joghurt verspeist, sollte auch bereit sein, Rindfleisch zu essen. Für Joghurt braucht man Milch, und für etwa die Hälfte der Kälber kommt eine Karriere als Milchkuh nicht in Frage, weil sie ohne Euter, aber mit Hoden auf die Welt kommen. Das Fleisch der vielen Stiere respektive Ochsen muss irgendwo hin. Und solange die Genetiker zwar aus Bakterien Erdbeeraroma herstellen können, aber noch nicht in der Lage sind, Keimzellen zu bauen, aus denen sich ausschließlich Milchkühe entwickeln, wird es immer genug Fleisch für Tafelspitz oder Kalbsgulasch geben. Und wenn die Tiere schon sterben, damit wir Menschen sie essen können, dann sollten wir sie wenigstens ordentlich zubereiten. Und da kann man gerade beim Tafelspitz oder beim Gulasch jede Menge Fehler machen.

Rezept für ein Gulasch

Man nehme:
2 kg Rindfleisch, nicht sehnig, würfelig geschnitten
2 Stück Ochsenschlepp, im Ganzen
1,8 kg Zwiebeln, geschnitten
3 EL süßes Paprikapulver

2 EL scharfes Paprikapulver
1 TL Cayennepfeffer
1 TL Salz
2 TL Tomatenmark
nach Belieben: etwas Majoran
etwas Mehl
Öl

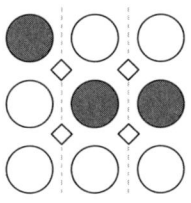

Martin Puntigam
wird gesehen

Die mit einem scharfen Messer geschnittenen Zwiebeln goldgelb anrösten, die Rindfleischwürfel bemehlen und dann zu den goldgelb gerösteten Zwiebeln dazugeben. Den Paprika untermengen und sofort mit Wasser ablöschen. Das Wasser sollte alles bedecken, auch den Ochsenschlepp, den man noch hinzugibt. Nun fügt man die restlichen Gewürze hinzu.
Das Gulasch rund zwei Stunden köcheln lassen und vom Herd nehmen. Das Gulasch wieder erwämen, dabei das Umrühren von unten nach oben nicht vergessen. Wenn das Gulasch wieder kocht, noch rund eine halbe Stunde lang köcheln lassen und dann wieder vom Topf nehmen. Diese Prozedur ein bis zwei Mal wiederholen.
Den Ochsenschlepp entfernen und mit Kartoffeln, Knödeln oder Spätzle servieren.[27]

Werner Gruber hat auf dem Weg zum Fachmann für kulinarische Physik seinen Leib umfangreichen Studien unterzogen. Alle investierten Forschungsgelder wurden allerdings privat finanziert, deshalb hat er sein Labor auch immer mit, in Form eines mächtigen Rumpfes. Sein Motto als Experimentalphysiker lautet: „Jedes Mal kochen – ein Experiment. Jedes Mal Essen – eine Messung." Und jedes Mal aufs Klo gehen ist dann ver-

Epilepsie besteht

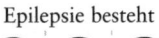

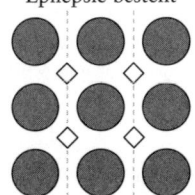

---

27 Aus: Werner Gruber: Die Genussformel, a.a.O.

139

mutlich publizieren. Dass der Begriff *Paper* darin seinen Ursprung findet, ist allerdings völlig haltlos.²⁸

Werner Gruber hat viel experimentiert und die Messtätigkeit ist sein ständiger Begleiter. Wenn die Science Busters im Rabenhof im Anschluss an eine Premiere ein Essen serviert bekommen, dann kennt Werner Gruber als Erster die Speisenfolge. Hunger ist der beste Koch, und Liebe geht durch den Magen, sagt der Volksmund. Ob Liebe wirklich durch den Magen geht, lässt sich naturwissenschaftlich nicht belegen, aber dass sie durch den Kopf geht, weiß man heute ganz gut. Und auch, durch welche Gehirnareale die Route führt. Neben der romantischen, leidenschaftlichen Zuneigung zum anderen, manchmal auch zum eigenen Geschlecht, kennen wir die Mutterliebe, die Geschwisterliebe und andere Formen emotionaler Bindung. Was unterscheidet diese Gefühle voneinander? Erstaunlicherweise nicht viel. Untersuchungen haben gezeigt, dass dieselben Areale im Gehirn aktiv sind, wenn man einen geliebten Partner sieht, oder eine Mutter ihr Kind oder ein Herrl seinen Hund. Liebe ist im Gehirn ein lokales Phänomen.

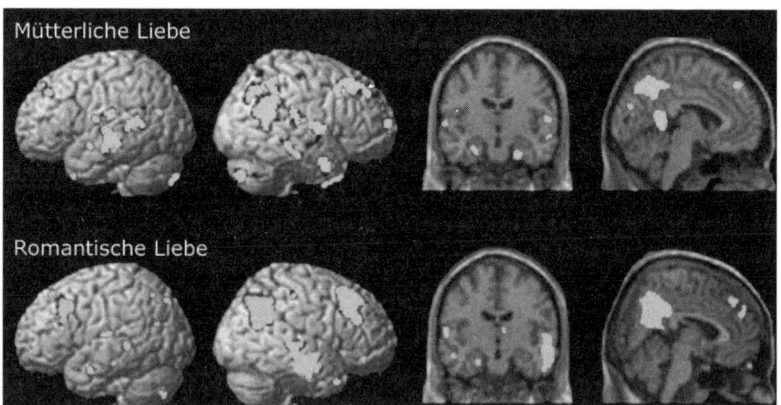

Abb. 17: Oben sehen wir die Bereiche des Gehirns, die aktiv sind, wenn wir an unsere Mutter denken, unten jene Areale, die aktiv sind, wenn wir verliebt sind. Die grauen Flächen sind die besonders aktiven Areale.

---

28 Unter einem Paper versteht man in der Wissenschaft eine Veröffentlichung.

Wenn man hingegen Menschen sieht, die man zwar mag, aber nicht liebt, tut sich in den entsprechenden Arealen nichts.

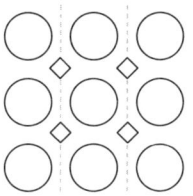

Wenn Menschen sich verlieben, hat ihnen ihr Gehirn einiges zu bieten. In erster Linie sind Verliebte radikal drogensüchtig. Unsere besten Verbündeten im eigenen Körper sind dabei Hypothalamus (Teil des Zwischenhirns) und Hypophyse (Hirnanhangdrüse). Der Hypothalamus ist der Drogenboss, die Hypohyse der Dealer. Beide verchecken Glücks- und Sexualhormone im großen Stil. Die Areale, in denen sich Liebe in unseren Köpfen abspielt, sind weitgehend dieselben, die auch auf Drogen wie Kokain reagieren. Das bedeutet, Liebe macht glücklich, weil unser Belohnungszentrum aktiviert wird. Das führt zu einer Art Rausch, wir fühlen uns wie benebelt. Sowohl bei Kokain wie auch bei körpereigenen Glückshormonen wird dadurch derselbe Mechanismus verstärkt: Es wird Verhalten belohnt, das wir als angenehm empfinden, das wir also wiederholen wollen.

Martin Puntigam wird gesehen

Dass die andauernde Betäubung mit exogenen, also körperfremden Drogen oft fatale Konsequenzen hat, ist hinlänglich bekannt. Aber welche Funktion hat der Rausch mit körpereigenen Glückshormonen beim Menschen? Er dient in erster Linie dazu, dass wir, wenn wir verliebt sind, den anderen nicht so sehen, wie er ist. Er sorgt für Kontrollverlust.

Glücksgefühle werden verstärkt, während gleichzeitig Hirnregionen, die für negative Gefühle zuständig sind, deaktiviert werden. Blockiert werden insbesondere Areale, deren Aufgabe die kritische Auseinandersetzung mit dem Gegenüber wäre. Dadurch sehen wir den geliebten Menschen tatsächlich geschönt, wie

Epilepsie besteht

141

durch eine rosarote Brille. Und das ist zuerst einmal gut, weil erst dadurch ist der Mensch bereit, seine natürliche Distanz anderen gegenüber aufzugeben und Beziehungen einzugehen.

Ob man sich in jemanden verliebt oder nicht, hängt nicht zuletzt stark davon ab, ob man ihn riechen kann. Im wahrsten Sinne des Wortes. Zuständig dafür sind unter anderem die Pheromone. Wenn man allerdings unter der Achsel stark riecht, hat das nichts mit Pheromonen zu tun, sondern mit Schweiß, der gerade von zur Hautflora gehörenden Bakterien zu Ameisen- oder Buttersäure verarbeitet wird. Dann sollte man sich weniger Hoffnungen auf eine Eroberung als vielmehr auf den Weg in die Dusche machen. Riechen kann man Pheromone nämlich nicht, dafür wirken sie nachhaltig. Der Duft steigt in die Nase, über den Riechkolben und die Riechbahn ins sogenannte limbische System. Das limbische System ist eine Funktionseinheit des Gehirns, die der Verarbeitung von Emotionen und der Entstehung von Triebverhalten dient. Und wenn die Pheromone dort ankommen, dann sagen sie: „Wir wären jetzt da, wenn es geht, bitte einmal erregt werden." Allerdings nur, wenn mit dem Duft für die Person erregende Emotionen verknüpft sind.

Oxytocin

Beim Streicheln oder auch nur beim Hautkontakt steigt die Durchblutung. Das ist die Folge der erhöhten Wärmeproduktion. Gleichzeitig werden das Immunsystem und die Verdauung angeregt. Für das Streicheln muss chemische Energie in mechanische Energie umgewandelt werden. Je mehr wir streicheln, umso stärker wird der Stoffwechsel angeregt. Zusätzlich steigt bei Hautkontakt die Ausschüttung des Neuropeptids Oxytocin, eine Art Wohlfühlhormon mit opiumartiger Wirkung. Es wird im Gehirn im Hypothalamus produziert, in der Hypophyse zwischengelagert und bei Bedarf ausgeschüttet. Beim Stillen hat es eine beruhigende Wirkung auf die Mutter. Viel Oxytocin im Blutkreislauf führt zu einer Reduzierung des Stresshormons Cortisol. Messungen haben ergeben, dass dieses Neuropeptid am stärksten ausgeschüttet wird, wenn man 40-mal pro Minute gestreichelt wird. Interessanterweise streicheln alle Menschen aller Kulturen und Religionen und aus allen sozialen Schichten genau mit dieser Frequenz. Oxytocin wird auch als „Kuschelhormon" bezeichnet.

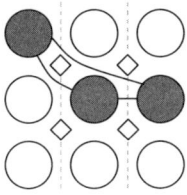

Martin Puntigam
wird gelernt

Wenn sich zwei Menschen ineinander verlieben, kommt es häufig auch zu Sex. Das eine ist zwar auch ohne das andere zu haben, aber es gibt Fälle, wo beides zusammenfällt. Was dann passiert, ist hoffentlich nicht nur sehr angenehm, sondern aus neurowissenschaftlicher Sicht erstaunlich. Gehen wir einmal von einem heterosexuellen Paar aus. Wenn es beiden Geschlechtspartnern gelingt, sich bis zum Orgasmus vorzuhanteln, geschieht, so haben Messungen mit dem funktionellen Magnetresonanztomografen (fMRI) gezeigt, Folgendes: Bei der Frau schalten sich weite Teile des Gehirns ab, vor allem die Bereiche für Angst und Sorge. Außerdem wird die Region, die für die Kontrolle der Emotionen zuständig ist, teilweise auf Pause geschickt. Beim Mann hingegen feuert alles, was er zur Verfügung hat. Auch Wüstengegenden seines Gehirns, in denen schon seit Wochen kein einziger Gedanke mehr entstanden ist, geben sich alle Mühe.

Welchen Sinn soll das haben? Bei Männern kann man es sich vielleicht noch erklären, weil sich viele während des Geschlechtsverkehrs komplizierte, unromantische Dinge ausdenken, um die Ejakulation hinauszuzögern. Aber warum schalten Frauen ab? Denken sich die, es ist gerade angenehm, da will ich lieber

Epilepsie besteht

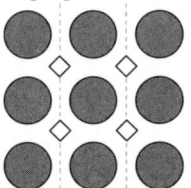

gar nicht genau wissen, wer das macht? Aus Sicht des Magnetresonanztomografen sind übrigens weiblicher Orgasmus und Wachkoma enge Verwandte.

Offenbar ist für Frauen beim Orgasmus das sogenannte Loslassen von entscheidender Bedeutung. Denn die entsprechenden Hirnareale werden nicht deaktiviert, wenn der Orgasmus nur vorgetäuscht wird. Das ist nämlich eine logistische Aufgabe, da muss man sich konzentrieren, wenn man nicht erwischt werden will.

Es gibt aber auch eine evolutionsbiologische Erklärung für dieses unterschiedliche Verhalten. Denn von Herstellerseite wird der Mensch deshalb mit Sexualität ausgeliefert, weil er sich fortpflanzen soll. Das ist auch der Grund, warum beim Verliebtsein der andere begehrenswerter erscheint, als er möglicherweise ist. Damit man es sich nicht lange überlegt, mit wem man seine Erbanlagen vermischt.

Um die Erfolgschancen für eine Befruchtung zu erhöhen, wird die Gehirnaktivität des Mannes bis zum Anschlag aufgedreht, weil stark erregte Männer angeblich mit größerer Geschwindigkeit ejakulieren. Dadurch legen die Spermien den ersten Teil ihrer Reise schneller zurück. Die Frauen gehen dem Vernehmen nach auf Stand-by und vibrieren nur noch ein wenig mit dem Becken. Eine Tätigkeit, die über das Rückenmark gesteuert wird, um den Samenzellen, die gerade mit Vollgas auf die Eizelle zuhalten, die Arbeit zu erleichtern.

Nun stellt sich natürlich die Frage, woher weiß man das? Was machen Neurowissenschaftlerinnen und -wissenschaftler, um so etwas herauszufinden?

Eine Untersuchung am fMRI stellt sich wie folgt dar: Zwei Probanden, in unserem Fall Mann und Frau, werden in eine Röhre gelegt. Beiden wird unabhängig voneinander der Kopf fixiert, denn fMRI ist ein bildgebendes Verfahren, da muss man ruhighalten, sonst werden die Bilder verwackelt. Die Hüften sind zur Bewegung freigegeben, denn es soll ja zu einem Orgasmus

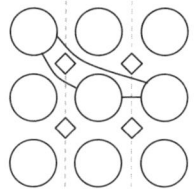

kommen, und wenn die Köpfe fixiert sind, ist die Auswahl an Sexualtechniken erheblich eingeschränkt. Dann geht es los, die beiden bewegen ihre Becken, und mit etwas Glück, Ausdauer und Konzentration gelingt es ihnen, einen Orgasmus herbeizuführen, während die ganze Zeit ein Radioempfänger um ihre Köpfe kreist und Gehirnaktivitäten aufzeichnet. Gleichzeitig wird an den Füßen Blut abgenommen und analysiert.

Da muss man sagen, das ist schon ein Special interest. Auf so was spricht nicht jeder an. Entscheiden Sie selbst, ob eine solche Versuchsanordnung maßgebliche Anregungen für Ihr Sexualleben zu bieten imstande wäre.

Martin Puntigam
wird gelernt

Homosexualität

Homosexualität wurde lange Zeit und wird auch heute noch sehr kritisch betrachtet. Oftmals wird behauptet, dass es sich bei dieser Form von Sexualität um etwas Widernatürliches handelt.

Einige Fakten: Man hat bis heute bei über 1500 Tierarten homosexuelles Verhalten beobachtet, in über einem Drittel der Fälle ist dieses Verhalten gut dokumentiert. Zum Beispiel findet man bei australischen Trauerschwänen homosexuelles Verhalten. Im Zoo von Bremerhaven leben zurzeit drei homosexuelle Pärchen von Pinguinen, eines der Paare zieht gerade ein Küken auf. Beobachtet wurden auch schon zwei männliche Wale mit erigierten Penissen bei eindeutigen Sexspielen, ebenso zwei männliche Giraffen bei der analen Penetration. Unter Menschen können wir heute davon ausgehen, dass rund zwei bis zehn Prozent der Bevölkerung homosexuell beziehungsweise lesbisch sind. Die

Epilepsie besteht

145

Datenlage ist nicht einfach zu erheben. Manche Statistiken sprechen sogar von mehr als 15 Prozent.

Warum kommt es zu diesem Verhalten, was sind die Ursachen?

Längere Zeit vermutete man, dass es sich um erlerntes Verhalten handelt. Diese Vermutungen konnten nicht bestätigt werden. Ebenfalls gilt als sicher, dass eine genetische Vererbung keine Ursache für homosexuelles Verhalten ist, möglicherweise gibt es eine genetische Disposition, diese dürfte aber eher gering sein.

Nach dem aktuellen Stand der Wissenschaft führen verschiedene Nervenwachstumsfaktoren während der Gehirnentwicklung zu geschlechtsspezifisch unterschiedlichen Gehirnen. So wissen wir, dass sich das männliche und das weibliche Gehirn vor allem im präoptischen Areal, im Hypothalamus ventromedialis (der Hypothalamus steuert das Hormonsystem und ist auch für den Schlaf-Wachzustand und das Hungergefühl zuständig) und im Nucleus arcuatus unterscheiden. Bei den Herren gibt es mehr Neuronen in diesen Bereichen als bei den Damen.

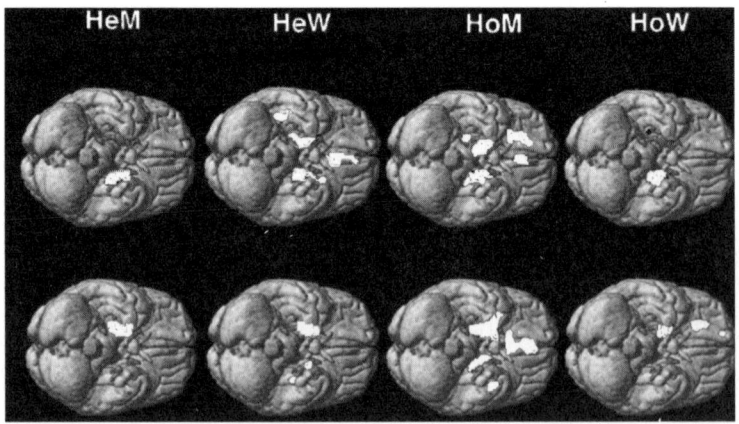

Abb. 18: In der Abbildung sieht man das Gehirn von unten. Besonders aktive Bereiche sind heller dargestellt.

Auch der präfrontale Cortex und der Mandelkern, der auch als Amygdala bezeichnet wird und für die emotionale Verarbeitung wichtig ist, wurde näher untersucht.

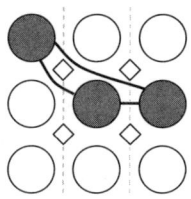

Das Ergebnis der Untersuchung ist eindeutig. Bei den Männern mit heterosexueller Orientierung (HeM) ist die Amygdala nur einseitig aktiv, während bei den heterosexuellen Frauen (HeW) beide Mandelkerne der beiden Gehirnhälften gleichzeitig aktiv sind. Zusätzlich gibt es bei den Damen eine stärkere Verbindung zum präfrontalen Cortex. Es zeigte sich, dass bei den homosexuell orientierten Männern (HoM) die Verschaltung respektive Aktivierung des Gehirns ähnlich gelagert ist wie bei heterosexuellen Frauen. Ebenso findet man eine Übereinstimmung der Gehirnaktivität zwischen heterosexuellen Männern und homosexuellen Frauen (HoW). Warum das so ist, ist im Detail noch nicht geklärt. Man vermutet, dass es in der Schwangerschaft in einer kritischen Phase zu einer Hormonverschiebung und „Fehlsteuerung" der Nervenwachstumsfaktoren kommt.

Noch komplizierter als Sex im fMRI ist Sex in der Schwerelosigkeit. Dass in einer Raumstation der Alltag ungewöhnlich ist, wissen wir bereits. Aber die Schwerelosigkeit wirkt sich natürlich auch massiv auf die Verteilung der Körperflüssigkeiten aus. Sobald man der Schwerelosigkeit ausgesetzt ist, beginnt sich das Blut im Körper unterschiedlich zu verteilen. Auf der Erde wird das Blut zum Erdmittelpunkt gedrückt – durch die Schwerkraft, das ist es so gewohnt. Ohne Schwerkraft gelangt mehr Blut in den Kopf und weniger davon in die Beine. Auch die Flüssigkeiten in der

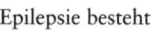

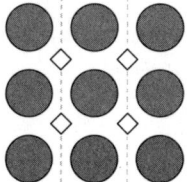

147

Nase und den Nebenhöhlen verteilen sich anders als auf der Erde. Astronauten und Astronautinnen haben deshalb durch die Bank leicht geschwollene Gesichter, blutarme Beine und zeigen Schnupfen-Symptome.

Trotzdem könnte es sein, dass sich zwei anfreunden und im Weltall miteinander ins Bett gehen möchten. Was müssen sie dabei beachten?

Das 1. Newton'sche Gesetz haben wir schon bei der Blutwunderherstellung kennengelernt, beim Geschlechtsverkehr unter Schwerelosigkeit kommt nun Newton 3 ins Spiel. Es handelt sich um den Impulserhaltungssatz, konkret besagt das 3. Newtonsche Axiom: Zu jeder Aktion gibt es eine gleich große, entgegengesetzt gerichtete Reaktion.

Betrachten wir den einfachsten Fall: ein Pärchen in der Missionarsstellung. Die Frau hat unten Platz genommen, liegt also auf dem Rücken, der Mann hat es sich ihr gegenüber eingerichtet. Ort der Handlung ist die Erde. Die Versuchsanordnung lautet: Der Mann dringt in die Frau ein, sie wehrt sich nicht und genießt hoffentlich. Was viele dabei vergessen, ist die Wichtigkeit der Reibung, und zwar zwischen dem Bett, respektive der Matratze mit dem Leintuch, und der Frau. Nach einem respektablen Geschlechtsverkehr wird das Leintuch auch entsprechend zerwühlt sein. Aus physikalischer Sicht sind aber beide Partner am Boden geblieben.

Was wäre, wenn die Frau auf einem Skateboard läge? Der Mann dringt in sie ein und übt damit einen Impuls auf sie aus. Nach dem 3. Newton'schen Gesetz gibt es eine gleich große Gegenkraft – die Frau würde in Ermangelung der Reibung wegrollen. Der Geschlechtsverkehr wäre dann bereits am Beginn des ersten Innings vorbei, also eher ein Koitus interruptus. Genau dasselbe Problem haben wir in Schwerelosigkeit. Sobald der Mann eindringt, würde die Partnerin in die entgegengesetzte Richtung davonschweben. Die Verletzungsgefahr für die Frau stiege durch hervorstehende Kanten und Ecken in der Raumstation beträchtlich.

Wie ist das Problem zu lösen? Es gibt drei verschiedene Ansätze. Erstens könnte die Frau festgeschnallt werden, der Mann hält sich an ihr fest und es kann nun zum Geschlechtsverkehr kommen. Zweitens könnte eine sehr große Gummiunterhose verwendet werden. In diese kann das Pärchen gleichzeitig einsteigen und nun ohne weiteres beginnen. Durch den Gummi wird die Bewegungsenergie der Frau abgefedert und Mann und Frau bewegen sich sogar wieder aufeinander zu. Das wäre eine Form von Bungee-Fucking, wenn man so will. Als dritte Möglichkeit bietet sich an, die Reibung zwischen Mann und Frau zu erhöhen. Zwischen dem männlichen Penis und der weiblichen Vagina befindet sich eine Gleitschicht. Dadurch kann sich das männliche Glied leicht in der Vagina bewegen. Erhöhen wir die Reibung zwischen dem Penis und der Vagina, kann die impulserhaltende Kraft in Reibungsenergie umgewandelt werden. Das ist aber eher was für Feinspitze oder Bewegungsfaule.

Wofür auch immer Sie sich entscheiden, am besten für die gesamte Besatzung der Raumstation ist jedenfalls leidenschaftlicher Sex. Die Lautstärke ist egal, wer gerne schreit dabei, kann das tun, auf der Raumstation ist es ohnedies sehr laut. Wichtig ist die Hemmungslosigkeit. Je ungestümer, desto besser. Beide Geschlechtspartner sind danach vermutlich entspannter, und es gibt am nächsten Tag wieder mehr Trinkwasser.

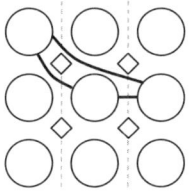

Martin Puntigam
wird gelernt

Experiment: Schwerelosigkeit

Man nehme eine Kunststoffflasche. In den unteren Bereich der Flasche macht man eine Bohrung, sie sollte rund 4 mm groß sein. Dann hält man mit einem Finger die Öffnung zu und füllt Wasser in die Flasche. Hält

Epilepsie besteht

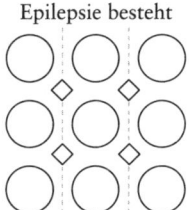

149

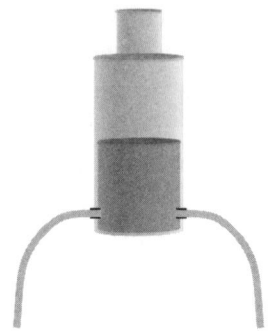

Abb. 19

man die Flasche und öffnet die Bohrung, wird das Wasser auslaufen (s. Abb. 19).

Was aber passiert, wenn wir die mit Wasser gefüllte Flasche fallen lassen? Wird das Wasser dann nach oben auslaufen (A) – aufgrund des Luftwiderstandes, oder wird es eine Gerade bilden (B) – der Luftwiderstand ist nicht groß genug, oder wird es einen Bogen nach unten bilden (C) – so wie wir es kennen (s. Abb. 20)?

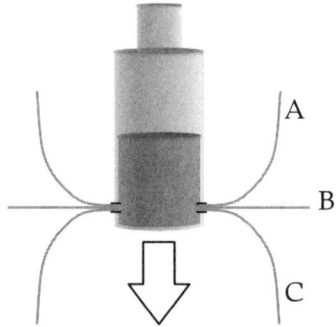

Abb. 20

Tatsächlich wird überhaupt kein Wasser ausrinnen. Aufgrund der Schwerelosigkeit beim Fallen gibt es auch keine Kraft, die auf das Wasser drückt, und damit bleibt es in der Flasche.

Lassen Sie doch einmal eine solche Flasche aus dem dritten Stock fallen!

Die Wahrscheinlichkeit, dass Sie jemals Gelegenheit zu Sex in Space bekommen, ist sehr gering. Die Wahrscheinlichkeit, jemals Schwerelosigkeit zu erleben, ist hingegen sehr hoch. Sie können sie zu Hause ganz einfach herstellen, indem Sie aus dem Stand in die Luft springen. Solange Sie sich in der Luft befinden, werden Sie für sehr, sehr kurze Zeit schwerelos sein. Das ist natürlich nicht besonders aufregend, außer für Menschen, die gerne aus dem Stand in die Höhe springen. Mehr Nervenkitzel verspricht ein Parabelflug. Wenn Liebe und Sex in eine Hochzeit münden, wird die Eheschließung immer öfter mit einem Flug in die Schwerelosigkeit gefeiert. Für rund 6500 Euro pro Person kann man einen Platz in einem Flugzeug mieten, das im Rahmen sogenannter Parabelflüge mehrfach für begrenzte Zeit Schwerelosigkeit herstellt.

Das Prinzip eines Parabelflugs ist einfach und spektakulär. Ein speziell ausgerüstetes Flugzeug fliegt zunächst ganz normal auf eine Höhe von etwa 7500 Metern und startet dann mit vollem Schub himmelwärts. In einem Anstellwinkel von 47 Grad gelangt es in 20 Sekunden auf eine Höhe von 8700 Metern. Dann drosselt der Pilot die Triebwerke. Der Jet steigt zunächst weiter – hier beginnt bereits die Schwerelosigkeit – und fällt dann frei auf einer parabelförmigen Bahn wieder runter. Man ist dann im Inneren des Fliegers für etwa 25 bis 30 Sekunden schwerelos. Am Ende rast das Flugzeug mit seiner Nase im Winkel von 43 Grad erdwärts, aber vor dem Zerschellen startet der Pilot natürlich voll durch. In dieser Phase herrscht dafür doppelte Schwerkraft.

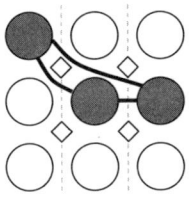

Martin Puntigam
wird gelernt

Epilepsie besteht

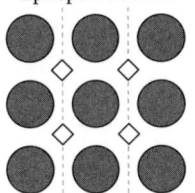

151

8500 m

7500 m   In dieser Phase herrscht
          Schwerelosigkeit!

6000 m
        20 sec   30 sec   20 sec
  1 g   1,5–2 g   0 g   1,5–2 g   1 g

Abb. 21: In einem Flugzeug, das gerade eine Parabel durchfliegt, herrscht für rund 20 bis 30 Sekunden Schwerelosigkeit – ZERO G. Die Schwerelosigkeit beginnt schon, wenn das Flugzeug steigt, sobald die Triebwerke ausgeschaltet werden.

Diese Abfolge von doppelter Schwerkraft und Schwerelosigkeit wiederholt sich während eines etwa zweistündigen Parabelfluges bis zu 30-mal. Dabei hebt es einem ordentlich den Magen aus, daher nennt man diese Flugzeuge auch Kotzbomber. Wenn Ihnen auf Jobsuche ein Stellenangebot als „Raumpfleger einer Parabelflugzeugflotte" unterkommt, wissen Sie jetzt, wie Ihr Arbeitsalltag dann aussehen wird.

Als Hochzeitsgeschenke werden diese Flüge immer beliebter, und wer gut gefrühstückt hat, kann seinem oder seiner Liebsten mit dem Brechstrahl im freien Fall „Ich liebe Dich" schreiben, und danach ist den Frischverheirateten so schlecht, dass sie nicht gleich streiten können. Selten lässt sich das Schöne mit dem Nützlichen so trefflich vermählen.

Ob die Liebe deshalb aber länger hält, steht in den Sternen. Und die verraten es nicht, da kann man fragen, so lange man will. Wobei man zuerst einmal klarstellen muss, dass die Stern- oder Tierkreiszeichen am Himmel mit Sternbildern nichts zu tun haben (siehe Fact-Box: Sternbild Centaurus und Galaxie Centaurus A, Seite 198). Sternzeichen sind beispielsweise das, was Sie auf den

Zuckerpackungen im Kaffeehaus finden. Auf denen steht, für welche Tierkreiszeichen welche Charaktereigenschaften angeblich typisch sind. Man wickelt die Zuckerwürfel aus, gibt sie in den Kaffee und wirft die Verpackung in den Abfall. Und das ist wirklich das Beste, was man damit machen kann. Für die Annahme, dass Sternzeichen irgendeinen Einfluss auf uns Menschen haben, gibt es selbstverständlich keinerlei Anhaltspunkte. Auch das haben Wissenschaftlerinnen und Wissenschaftler tatsächlich in aller Ernsthaftigkeit untersucht.

Es gibt zahlreiche Studien, die belegen, dass die Vorhersagen von Astrologen nicht stimmen. Besonders erwähnenswert ist die Studie von Martin Reuter (Univ. Köln), Peter Hartmann und Helmuth Nyborg (beide Univ. Åhrens, Dänemark).[29] Sie haben den Zusammenhang zwischen Charakter, Lebenslauf und dem Geburtsdatum respektive dem Tierkreiszeichen untersucht und festgestellt, dass es keinen Zusammenhang gibt. Es gab auch zahlreiche Studien, bei denen Lebensläufe bestimmten Geburtsdaten zugeordnet wurden. Für einen Astrologen sollte das eigentlich eine einfache Übung sein – aber auch daran sind alle gescheitert, ohne Ausnahme. Darüber hinaus wurde im Jahr 2002 eine Umfrage unter deutschen Astrologinnen und Astrologen durchgeführt, die das erstaunliche Ergebnis erbrachte, dass nur 18 Prozent von ihnen an einen Einfluss der Sterne glauben. Der Rest – das sind 82 Prozent! – glaubt nicht an einen direkten Einfluss der Sterne. Aber sie halten ihre Erklärungen für richtig und geben an,

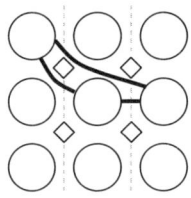

Martin Puntigam
wird gelernt

29 P. Hartmann, M. Reuter, H. Nyborg: The relationship between date of birth and individual differences in personality and general intelligence: A large-scale study. In: Personality and Individual Differences 40 (2006), S. 1349–1362

Epilepsie besteht

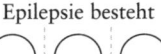

dass sie über die Sterne ihren Kunden die Informationen besser kommunizieren können. Es sei eine nützliche „Fiktion" für das Beratungsgespräch. Das heißt, viele Astrologen und Astrologinnen glauben zwar, dass sie recht haben, vertrauen aber nicht darauf, dass das andere auch so sehen könnten, und nehmen Zuflucht in die Sternzeichenwelt. Warum sie das machen, ist klar, es ist leicht verdientes Geld. Andere Menschen müssen einen Beruf erlernen, um ihren Lebensunterhalt zu bestreiten.

Aber warum glauben so viele Menschen an Astrologie und geben für „Beratungen" und Horoskope auch noch Geld aus?

Die Welt ist sehr komplex und viele Menschen suchen Antworten auf Fragen, die nicht immer leicht zu geben sind. Manchmal gibt es mehrere mögliche Antworten, manchmal gar keine. Die Astrologie findet die Antworten in den Sternen, also dort, wo niemand nachschauen kann, und sie „funktioniert" unter anderem deshalb so gut, weil sie die Ursachen für das Verhalten von Menschen eher in den Charaktereigenschaften sucht als in den aktuellen Umweltbedingungen oder politischen Gegebenheiten.

In astrologischen Beratungen werden auch diverse psychologische Tricks angewandt. Günstig ist eine erschöpfende Themenpräsentation. Unser Gehirn kann nur eine beschränkte Menge an Informationen verarbeiten, mit zu vielen Informationen auf einmal ist es schnell überfordert, und es wird vor allem das verarbeitet, woran man selber glaubt. Bei den Beratungen werden gerne zeitlose Wahrheiten präsentiert, Sprichwörter sind sehr beliebt sowie abstrakte oder mehrdeutige Begriffe. Abstrakte Begriffe wie *Problem* oder *Chance* können unterschiedlich interpretiert werden. Außerdem tut sich unser Gehirn in der Regel mit bildhaften Formulierungen leicht und wird damit verführt, über das Empfohlene gar nicht so genau nachzudenken. Durch das Fachvokabular der Astrologie soll auch noch der Eindruck von Wissenschaftlichkeit und Fachkompetenz erweckt werden. Ähnliches passiert natürlich in der Werbung oder vielen Beratungsgesprächen. Menschen sollen dazu gebracht werden, etwas zu glauben, was sich unmittelbar nicht überprüfen lässt, und deshalb möglicherweise Geld für etwas ausgeben, was gar keinen nachweisbaren Nutzen für sie hat. Wenn sie Glück haben, verlieren sie dabei nur Geld. Aber bei der Astrologie ist es wie in der Liebe: die Hoffnung stirbt bekanntlich zuletzt.

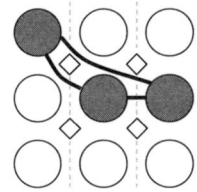

Martin Puntigam
wird gelernt

Epilepsie besteht

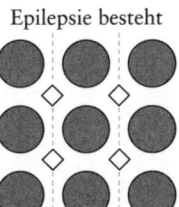

155

Kapitel 7: Hoffnung

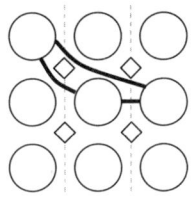

Martin Puntigam
wird gelernt

Kennen Sie den? – „Treffen sich ein belebtes Wasser und ein radiästhetischer Kornkreis in einem Kraftpunkt zur Erstverschlimmerung." Die Pointe: Mit derartigem Schmonzes verdienen Scharlatane auf der ganzen Welt Milliarden, dagegen sind Investmentbanker-Boni Peanuts. Selbst Menschen mit guter Ausbildung, die die Naturgesetze akzeptieren, glauben irgendwie, dass es vielleicht doch irgendeine höhere Kraft oder eine unsichtbare Energie gibt, die sich hauptberuflich für unser Wohlbefinden zuständig fühlt.

Dabei ist Wasser tatsächlich ein fantastischer Stoff, auch belebtes. Wir Menschen kommen aus dem Wasser, wir verwenden es zur Reinigung, wir brauchen es zum Trinken und es wirft als Handelsware erhebliche Gewinne ab. Das Molekül H_2O ist durch seine ganz speziellen Eigenschaften ein besonderes Element. Es ist bei Zimmertemperatur flüssig und erreicht bei 4 Grad Celsius seine geringste Ausdehnung. Alle chemischen Reaktionen in Lebewesen laufen im wässrigen Milieu ab. Wasser bedeutet für uns Menschen Leben. Kein Naturwissenschaftler bestreitet deshalb ernsthaft die Existenz von belebtem Wasser. Das ist ein Vorurteil. Im Meer wimmelt es von Tieren, und wenn man Leitungswasser in eine Karaffe gießt, ein paar unsterile Mineralien dazugibt und das Ganze ein, zwei Tage stehen lässt, dann ist das Wasser ordentlich belebt. Wenn man genau schaut, kann man rund um die Steine den Film aus Bakterien, Algen und Pilzen erkennen, der sich dann bildet. Dieses

Epilepsie besteht

157

Wasser muss man dann belebt nennen. Trinken sollte man es jedoch nur noch, wenn man sehr dringend Durchfall haben möchte. Wasser allerdings, das durch irgendeinen esoterischen Hokuspokus in eine höhere Ordnung gerät, ohne zu wissen, wie ihm geschieht, das spiralisiert oder mit Urinformation, was auch immer das sein soll, angereichert wird – diese Art von belebtem Wasser gibt es natürlich nicht. Das heißt, so etwas gibt es natürlich doch, es ist meistens sehr teuer, aber verlässlich wirkungslos. Bestenfalls. So was ist „aus dem Esoterik-Milieu stammender, parawissenschaftlicher Unfug", da haben die Gerichte, die sich anlässlich einer Klage der Firma Grander gegen den Wiener Biologen Dr. Erich Eder damit befassen mussten, schon recht.[30]

Gerne werden im Zusammenhang mit Wasservitalisierung Dinge behauptet wie: „[Wasser] wird durch lange Leitungen gepresst und ist fortwährend Stress, Druck und Umwelteinflüssen ausgesetzt. Die Folge: Die natürliche Struktur des Wassers verändert sich."[31] Wer das behauptet, hat entweder keine Ahnung von Naturwissenschaften oder er will an Ihr Geld. Oder beides, das ist auch eine häufige Kombination. Dass hoher Druck Wasser in Stress versetzt, ist nämlich höchstens eine Behauptung. „Der Versorgungsdruck im Trinkwassernetz liegt normalerweise zwischen 2 und 6 bar. Der höchste Druck beträgt in der Regel maximal 8 bar. […] Die Tiefsee, der lichtlose Meeresraum unterhalb 1000 Meter, bedeckt rund 60 % der Erdoberfläche. Der hydrostatische Druck nimmt pro 10 m Wassertiefe um ziemlich genau 1 bar zu. Auf dem größten Teil der belebten Erdoberfläche lastet somit ein Druck von mehr als 100 bar."[32] Und weiter unten wird der Druck noch größer. Da müsste die Evolution ein schöner Trottel sein, wenn sie fast zwei Drittel der Erde mit kaputtem Wasser bedeckt hielte.

---

30 http://homepage.univie.ac.at/erich.eder/wasser, Zugriff am 24.5.2010
31 www.grander.com, Zugriff am 24.5.2010
32 André Pix: Öko-Esoterik – Pseudowissenschaften und Esoterik im Umweltschutz. In: Skeptiker 3/2009

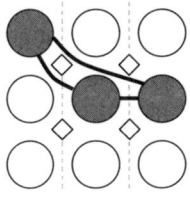

Aber die Idee von der Wasserbelebung hat ein Johann Grander ohnedies nicht der Natur abgeschaut, er hat sie vielmehr von Jesus Christus persönlich eingeflüstert bekommen. Das Prinzip ist denkbar einfach: Granderwasser befindet sich angeblich in einem Zustand „höherer Ordnung" und enthält bestimmte Naturinformationen, was immer das auch sein soll. Wenn jetzt normales Wasser, das nicht so informiert ist wie Granderwasser, neben diesem zu stehen kommt oder an ihm vorbeifließt, so nimmt es, ohne mit dem Wunderwasser in Berührung zu kommen und ohne jegliche Energiezufuhr dessen „Information" auf und gelangt dadurch in einen „Zustand höherer Ordnung". Gramgebeugtes Wasser wird also von Granderwasser mit Informationsvorsprung quasi im Vorbeifließen gesegnet.

Das kann man natürlich nur glauben wollen, denn beweisen lässt sich Derartiges nicht. Es widerspricht fundamental dem 2. Hauptsatz der Thermodynamik. Der besagt, dass jedes System ohne Energieaufwand in einen Zustand höherer Entropie, das heißt niedrigerer Ordnung übergeht. Das bedeutet, die Herstellung höherer Ordnung beziehungsweise Informationsübertragung ist ohne Energieaufwand unmöglich. Volkstümlicher ausgedrückt: Die Spielsachen im Kinderzimmer heben sich nicht von selbst vom Boden auf, das muss wer machen.

Würde stimmen, was Johann Grander behauptet, bräuchte man, um die ganze Welt an den Wohltaten der wiederbelebten Ur-Information teilhaben zu lassen, nur eine Flasche mit, sagen wir, einem Liter Granderwasser im Meer zu versenken. Mit der Zeit müsste sich das gesamte Wasser der Ozeane in eine höhere Ordnung hinaufhanteln und man könnte sich den Hokuspokus rund um die Wasserbelebung sparen. Und zwar welt-

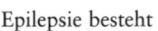

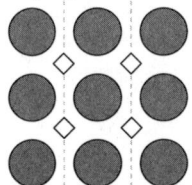

159

weit. Im Grunde genommen müsste das bereits passieren, weil ja tatsächlich Granderwasser im Umlauf ist, aus Schwimmbädern verdunstet und als Abwasser umherfließt. Sie brauchen also gar kein belebtes Wasser kaufen, sondern nur warten und sich vielleicht – wenn Sie nichts Besseres zu tun haben – bei Jesus Christus bedanken, dass er Johann Grander das Geheimnis zur Wasseraufbereitung verraten hat. Allerdings hätte, wenn das Prinzip denn funktionierte, Jesus Christus seinen Geheimnisträger schlecht gewählt. Dann hätte der Gesalbte nämlich die Bauanleitung für ein Perpetuum mobile geliefert, mit dem man einen Gutteil unserer Energieprobleme lösen könnte, aber der Geheimnisträger weiß damit nichts Besseres anzufangen, als wirkungslose Wasserbelebungsgeräte herzustellen. Wenn er dafür zu Hause Schimpf bekäme, bräuchte sich der Menschensohn freilich nicht beschweren.

Trinkwasser

Seit die Menschheit Landwirtschaft betreibt, beschäftigt sie ein großes Problem: die Versorgung mit sauberem Trinkwasser. Durch die Fäkalien der Menschen und Tiere wurde auch das Wasser in der unmittelbaren Umgebung verseucht. Deshalb haben in Europa viele Menschen vor allem Bier und Wein getrunken; bis in die Mitte des 19. Jahrhunderts waren dies die bevorzugten Flüssigkeiten – sie waren halbwegs sauber.
In Asien ging man einen anderen Weg. Dort erkannte man, dass man sauberes Wasser erhält, wenn man es abkocht. Allerdings schmeckt abgekochtes Wasser eher fad. Deshalb gaben die Asiaten gern Teeblätter in das abgekochte Wasser.
Was macht man, wenn man Durst und kein sauberes Wasser hat? Man nimmt eine durchsichtige Kunststoffflasche – kein Glas – und füllt diese mit dem unsauberen Wasser. Dann legt man die Flasche für mindestens drei Stunden in grelles Sonnenlicht. Das Wasser wird so stark erwärmt, dass die Bakterien darin zerstört werden, und die UV-Strahlung zerstört den

Rest. Das Wasser schmeckt dann vielleicht nicht besonders gut, aber es ist sauber.

Martin Puntigam wird „zerstört"

Was dem Wasser noch gerne angedichtet wird, ist sein phänomenales Gedächtnis. Wieder ein Zitat von der Website der Firma Grander, allerdings pars pro toto für die gesamte Wasseresoterikerszene: „All diese guten und schlechten Einflüsse werden vom Wasser aufgenommen und gespeichert. Sein Gedächtnis lässt sich mit einem Tonbandgerät vergleichen, das physikalische Schwingungen aufnehmen und beliebig oft wiedergeben kann. Dabei bleiben die ursprünglich gespeicherten Informationen erhalten und verändern sich nicht. Allerdings: Wo und wie das Wasser all diese Informationen speichert – das ist nach wie vor ein wissenschaftliches Rätsel."

Auch hier ist alles falsch. Das Gedächtnis des Wassers ist mitnichten ein „wissenschaftliches Rätsel". Wasser kann sich nämlich einfach nicht sehr lange erinnern. Lediglich 50 Femtosekunden lang (circa $50 \cdot 10^{-15}$ Sekunden), und das ist wirklich sehr, sehr kurz. Wenn sich Wasser vor einer Mathematikschularbeit noch einmal schnell im Buch was anschauen wollte – es hätte es buchstäblich noch in derselben Sekunde vergessen. Deshalb hat Wasser auch keine Matura[33], weil es sehr schlecht lernt. Aus demselben Grund brauchen Sie auch nicht zu fürchten, dass sich Wasser an Sie erinnert. Wasser, das Sie heute als Harn abschlagen, wird in ein paar Jahren nicht als Sodawasser vor Ihnen am Tisch stehen und sagen: „Hallo, wir kennen uns noch von damals, ich war Ihr kleines Geschäft."

Im Gegensatz zu dem sie umgebenden Wasser können sich Goldfische, denen landläufig ein Drei-Sekun-

Epilepsie besteht

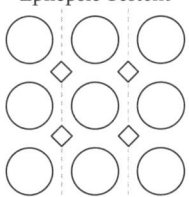

---

33 Abitur

den-Gedächtnis nachgesagt wird, ziemlich lang zurückerinnern. Tatsächlich beträgt die Gedächtnisspanne von Goldfischen mindestens mehrere Monate. Man kann Goldfische ganz gut dressieren, wenn man damit etwa die Verwandtschaft zu Weihnachten bei Laune halten will. Sie können sich erinnern, wann sie wo Futter bekommen haben, und schwimmen deshalb zur selben Tageszeit immer wieder an denselben Platz in einem Teich oder Aquarium. Karpfen, die mit Goldfischen sehr eng verwandt sind, können sogar verschiedene Musikstile auseinanderhalten. Sie können etwa Blues von Klassik unterscheiden, im Einzelnen John Lee Hooker von Johann Sebastian Bach.[34] Ob sie Klassik von Barock unterscheiden können, also etwa Mozart von Bach, ist nicht bekannt. Aber dadurch würden die Goldfische auch nicht schlauer, das weiß man mittlerweile. Der sogenannte Mozart-Effekt existiert nämlich nicht. Diesem fast 20 Jahre alten Mythos wurde 2010 von einem Team der Fakultät für Psychologie der Universität Wien endgültig der Garaus gemacht.

Psychologen von der Universität Wisconsin hatten im Jahre 1993 über verbesserte räumliche Vorstellungen nach dem Hören von Mozarts Musik berichtet. Dies wurde als Mozart-Effekt bekannt, weil in dieser Arbeit die Sonate für zwei Klaviere in D-Dur (KV 448) von Wolfgang Amadeus Mozart verwendet wurde. Populär wurde das Ganze im Jahre 1997 durch den Bestseller „The Mozart Effect" des Amerikaners Don Campbell. Das Hören von Musik, insbesondere von Mozart, könne die Gehirnleistung stärken, Kreativität fördern und sogar Körper und Geist heilen, wurde darin behauptet. Eine riesige Geschäftemacherei setzte daraufhin ein. Unzählige Kinder und auch Tiere im Stall mussten sich Mozarts Musik als Brain-Booster anhören. Schwangere Frauen und Babys werden bis heute mit der Musik von Mozart und anderen Klassikern berieselt. Beispielsweise verschenkte der Gouverneur von Colorado, USA, an jede

---

34 http://picovolt.com/ava/fish/music-carp.pdf, Zugriff am 8.6.2010

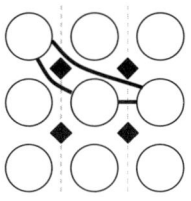

werdende Mutter eine entsprechende Mozart-Effekt-CD.

Warum gibt es den Mozart-Effekt nicht? Was weiß man 2010 in Wien besser als 1993 in Wisconsin?

Martin Puntigam wird „zerstört"

Manchmal können, wie beim Mozart-Effekt, die ursprünglichen Forschungsergebnisse von anderen Forschern nicht redupliziert werden. In diesem Fall kann man auf eine Metastudie zurückgreifen. Das ist eine Studie von Studien, das heißt eine Zusammenfassung von vielen Untersuchungen zu einer bestimmten Frage. Solche Metastudien sind die modernste Art der Forschung, weil sie etwaige Unzulänglichkeiten und Fehler einzelner Studien ausmerzen. Und so eine Metastudie haben die Forscherinnen und Forscher der Universität Wien gemacht, dabei nicht weniger als 40 Studien von über 3000 beteiligten Personen ausgewertet und eben gefunden, dass am Mozart-Effekt nichts dran ist. Psychologinnen und Psychologen reihten kürzlich den Mozart-Effekt an die sechste Stelle der 50 größten Mythen der populären Psychologie. (An erster Stelle steht übrigens die Ansicht, dass wir nur zehn Prozent unseres Gehirns tatsächlich nutzen – siehe Seite 21.)

Das hat aber die Firma Mundus nicht davon abgehalten, eine „Abwasserbehandlung mit Naturschallwandler" zu entwickeln.[35]

Was soll dabei passieren? Mikroben, die in Kläranlagen bei der Reinigung des Abwassers mithelfen, werden rund um die Uhr mit einem „Best of Zauberflöte" beschallt. Angeblich werden sie dadurch leistungsfähiger und sorgen dafür, dass weniger Klärschlamm anfällt. Ob sie das wirklich tun oder nur versuchen, sich

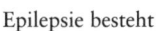

Epilepsie besteht

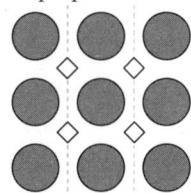

---

35 http://www.mundus-gmbh.de/klaeranlagen.phtml, Zugriff am 8.6.2010

die Ohren zuzuhalten, weiß auch einer der Verkäufer der Methode nicht, weil er – wie er ehrlicherweise in einem Interview zu Protokoll gibt – selbst nicht weiß, wie das Ganze überhaupt funktioniert.[36] Und da ist er nicht der Einzige, denn wie so etwas funktionieren soll, kann niemand erklären. Vielleicht wissen es die Mikroben, aber solange die Firma Mundus nicht auch noch eine Übersetzungsmaschine „Mensch – Mikrobe, Mikrobe – Mensch" auf den Markt bringt, werden wir es nicht erfahren. Bei der Preisgestaltung für ihr Abwasserbeschallungssystem tun sich die Kläranlagen-DJs allerdings nicht so schwer wie beim Erklären der Funktionsweise. Für 5000 Euro Jahresmiete ist man dabei. Ob die Firma durch Mozarts Neigung zu Fäkalausdrücken zu ihrer Erfindung angeregt wurde, ist nicht bekannt. Und ob die Mikroben mehr leisten würden, wenn in der Kläranlage zusätzlich auch noch ein Grander-Wasserbelebungsgerät hängen würde, ebenfalls nicht.

Der Verkauf von Granderwasser darf übrigens nur deshalb nicht als Betrug bezeichnet werden, weil der Bereicherungsvorsatz, der für den Tatbestand des Betrugs im Sinne des § 146 StGB notwendig ist, nicht nachgewiesen ist, unter anderem deshalb, weil von der Firma Grander sicherheitshalber „ein zumindest dreimonatiges Rückgaberecht ohne Angabe von Gründen eingeräumt" wird.[37] Aber nicht weil die Belebungsmaßnahmen nach allem, was wir heute über die Naturgesetze wissen, wirkungslos wären. Im Optimalfall! Denn durch die „geringere Chlorzehrung"[38], also die verminderte Gabe von Chlor, kann nämlich gerade in Schwimmbädern an heißen Sommertagen die Keimbildung erheblich begünstigt werden. Auch topinformiertes Wasser kann dagegen gar nichts ausrichten, für die Infektionen, die die

---

36 http://www.sueddeutsche.de/wissen/konzert-im-klaerwerk-musik-fuer-mikroben-1.953421, Zugriff am 8.6.2010
37 http://homepage.univie.ac.at/erich.eder/wasser/OLGurteil2006.pdf, Zugriff am 8.6.2010
38 http://pdf.grander.com/literatur/GRANDER_SB-Journal_klein.pdf, Zugriff am 24.5.2010

badenden Kinder dann vielleicht bekommen, sind nämlich Antibiotika zuständig. Wieder: wenn alles gut geht.
Denn wenn die Kinder Pech haben, sind sie die Kinder
von Eltern, die gern in homöopathischen Fibeln lesen
und dann ihren Nachwuchs nach eigenem Gutdünken
mit Milchzuckerbällchen oder geschütteltem Wasser
behandeln. Solange den Kindern nichts fehlt, ist das
nur schade ums Geld. Wasser kommt aus der Wasser-
leitung, schütteln kann man es selber, das wäre deutlich
billiger und hätte denselben Effekt. Nach der Einnahme
von Globuli sollte man allerdings irgendwann die
Zähne putzen, hier kann durch Kariesbefall tatsächlich
eine Wirkung eintreten.

Martin Puntigam
wird „zerstört"

Homöopathie

Vor rund 200 Jahren steckte die Medizin gerade
einmal in den Kinderschuhen. Konsultierte man einen Arzt, war die Wahrscheinlichkeit, dass es einem
danach schlechter ging, noch sehr hoch. Die Ärzte
hatten kaum probate Mittel gegen die verschiedenen Erkrankungen. Mit Aderlass und Abführmit-
teln lässt sich auch kein Kampf gegen Krankheiten
gewinnen.

Der deutsche Arzt Samuel Hahnemann (1755–
1843), bekannt als Begründer der Homöopahtie,
wollte das ändern und begann mit den verschie-
densten Arzneien Experimente meist an sich selbst
durchzuführen. Ein medizinisches Mittel, das wirklich half, war Chinarinde bei Malaria, es enthält
Chinin, einen hochwirksamen Wirkstoff gegen Malaria. Als Hahnemann Chinarinde zu sich nahm,
bekam er malariaartige Symptome. Damit war die
Erkenntnis geboren: Die beste Arznei sei diejenige,
die ein Leiden verursacht, ähnlich dem, das sie hei-

Epilepsie besteht

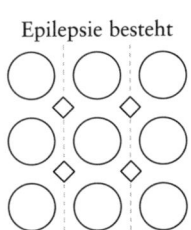

165

len soll. Nun gab es aber auch giftige Substanzen, die gegen bestimmte Erkrankungen scheinbar besonders halfen. Hahnemann war klar, dass es nicht sinnvoll wäre, den Patienten diese Gifte direkt zu geben – sie würden damit einfach vergiftet und sterben. Also kam er auf die Idee, die Substanzen zu verdünnen, und konnte beobachten, dass auch noch die verdünnten Substanzen ihre Wirkung beibehielten. Damit hat er zumindest den Patienten in der damaligen Zeit weniger geschadet als die ehrenwerten Kollegen.

Eines Tages transportierte er seine Medizin besonders unsanft mit einem Karren. Als er feststellte, dass diese besonders stark geschüttelte Medizin ausgezeichnet half, besser als die nicht geschüttelte, kam er auf die Idee, die Medizin ab sofort nicht nur zu verdünnen – mit Wasser, Alkohol oder Zucker –, sondern auch noch zu schütteln.

Samuel Hahnemann wollte den Menschen helfen, nur leider machte er keine einzige Blindstudie, denn sonst wäre ihm aufgefallen, dass etwas nicht stimmen kann. Es gibt einige stark chininhaltige Erfrischungsgetränke eines englischen Getränkeherstellers. Nach Hahnemann sollte man nach deren Genuss malariaartige Zustände bekommen. Dem ist aber nicht so.

Homöopathie widerspricht in ihren Vorstellungen weitgehend den Erkenntnissen, die die wissenschaftliche Medizin seit etwa 200 Jahren über Entstehung und Verlauf von Krankheiten gewonnen hat. Das betrifft nicht nur die Erstverschlimmerung (die Beschwerden werden nach Einnahme des Mittels zunächst schlimmer), sondern es werden sogar grundlegende Naturgesetze in Frage gestellt. Würde das Ganze funktionieren, so würde gegen den 2. Hauptsatz der Thermodynamik verstoßen, oder einfacher ausgedrückt: von nichts kommt nichts.

Ein wichtiger Grundsatz der Homöopathie ist die Potenzierung, auch Dynamisierung genannt. Es liegt allerdings der Verdacht nahe, dass Homöopathen solche und andere Fachausdrücke nur verwenden, um ihrem Tun einen wissenschaftlichen Anstrich zu geben. In der einfachen Sprache der Naturwissenschaftler wird dabei nichts anderes gemacht, als eine Substanz in mehreren Schritten wirklich stark zu verdünnen und zu schütteln. Man geht dabei von der sogenannten „Ursubstanz" aus, die mit Alkohol oder destilliertem Wasser verdünnt wird. Man kann das Ganze auch mit Milchzucker verreiben, um die Ursubstanz zu verdünnen, und Globuli daraus formen. Dabei gibt es die sogenannten D-Potenzen (Dezimalpotenzen), das heißt, dass man bei den einzelnen Schritten immer um 1/10 verdünnt. Bei den sogenannten C-Potenzen (Centesimalpotenzen) wird entsprechend um 1/100 verdünnt. Die Wirkung sollte umso größer werden, je öfter man verdünnt und schüttelt. Die Potenz D21 entspricht bereits einer Verdünnung von 1:1000000000000000000000 beziehungsweise eins zu einer Trilliarde beziehungsweise $10 \cdot 10^{-21}$. Das entspricht ungefähr einer Tablette, aufgelöst und gleichmäßig verteilt in allen Ozeanen der Erde. Das ist schon sehr sparsam im Verbrauch mit dem Wirkstoff, es geht aber noch viel sparsamer. Etwa ab D24 ist die Verdünnung so groß, dass praktisch kein einziges Molekül der Ursubstanz mehr vorhanden ist. Erhofft wird quasi die Lösung aller Probleme aus dem Nichts. Und D24 ist erst der Anfang, es gibt sogar Verdünnungen bis C1.000.000. Und je stärker die Verdünnung, desto höher der Anschaffungspreis.

Bleibt die Frage, warum homöopathische Medikamente bei manchen Menschen trotzdem helfen, obwohl praktisch kein Wirkstoff mehr vorhanden ist. Viel ist dem sogenannten Placeboeffekt zu verdanken, das bedeutet, dass sich manchmal trotzdem eine Wirkung einstellt. Manche Krankheitssymptome verschwinden ein-

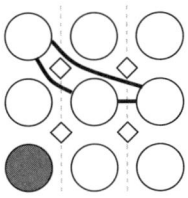

Nichts wird gesehen

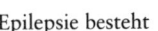

Epilepsie besteht

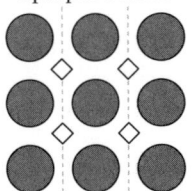

167

fach von selbst wieder, auch wenn man sie mit Homöopathika behandelt. Außerdem basieren manche dieser Arzneien auf Alkohol, der eine betäubende oder beruhigende oder sogar heilende Wirkung haben kann. Besonders gut helfen homöopathische Gaben, wenn eine Krankheit in Wellen verläuft. Das heißt, man geht zum Zeitpunkt des größten Ungemachs zum Arzt, nimmt danach ein paar Globuli, und die Schmerzen lassen nach. Das hätten sie aber sonst mit größter Wahrscheinlichkeit auch gemacht. Gerne werden als Beweis für die Wirksamkeit von Homöopathie Heilerfolge bei Tieren ins Treffen geführt, die sich ja nichts einbilden können, also keinen Placeboeffekt kennen. Es gibt allerdings keinen Beleg dafür, dass dabei mehr passiert als das Erwartbare.

Blindstudien, Doppelblindstudien

Um die Wirksamkeit eines Präparats beziehungsweise bei klinischen Studien eines Medikaments zu überprüfen, werden die Testpersonen in zwei Gruppen eingeteilt. Die eine Gruppe erhält das (angeblich) wirksame Präparat oder Medikament, während die andere Gruppe nur ein Placebo bekommt. Ein Placebo ist ein Scheinmittel, das den wirksamen Stoff des Präparats oder Medikaments nicht enthält, aber sonst dem Präparat möglichst gleicht.

Bei einer Blindstudie erfahren die Testpersonen beziehungsweise Patienten nicht, ob sie das Präparat beziehungsweise Medikament oder eben nur ein Placebo erhalten. Eine Blindstudie ist notwendig, damit der Einfluss von Erwartungen und Verhaltensweisen möglichst ausgeschlossen wird. Denn positive Veränderungen des subjektiven Befindens sowie auch von messbaren körperlichen Funktionen können auftreten, wenn die Testpersonen auch nur glauben, ein wirksames Präparat erhalten zu haben. Dieser Effekt wirkt sich bei einer Blindstudie für beide Gruppen gleich aus, weil ja den Testpersonen nicht mitgeteilt wird, ob sie das wirksame Mittel oder ein Placebo erhalten haben. Wichtig ist dabei, dass die beiden Mittel auch optisch identisch erscheinen, inklusive der Verpackung, und vom Geruch her und geschmacklich nicht unterschieden werden können.

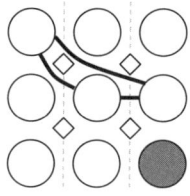

Nichts wird gesehen

Aber auch der betreuende Versuchsleiter beziehungsweise Mediziner sollte nicht wissen, welche der Testpersonen das Präparat und welche ein Placebo bekommen. Denn die dadurch bedingten verschiedenen Verhaltensweisen des Versuchsleiters können ebenfalls einen psychologischen Einfluss auf die Testpersonen haben. Eine solche Studie, bei der nicht nur die Testpersonen, sondern auch der Versuchsleiter nicht weiß, wer das Präparat und wer das Placebo erhalten hat, nennt man Doppelblindstudie. Dabei kann die psychologische Komponente der Behandlung auf die Testpersonen weitgehend ausgeschlossen werden. In vielen Fällen sind Doppelblindstudien zur Überprüfung der Wirksamkeit von Präparaten oder Medikamenten unbedingt notwendig, um strengen wissenschaftlichen Standards zu genügen.

Der Anteil an homöopathischen „Medikamenten" im medizinischen Einsatz ist nach wie vor verschwindend gering. Wegen des fehlenden Wirknachweises übernehmen in den meisten Ländern die Krankenkassen die Kosten einer Behandlung nicht oder bezahlen nur einen kleinen Bruchteil. Trotzdem ist Homöopathie ein sehr gutes Geschäft. Die Gewinnspanne bei der Herstellung von Milchzuckerbällchen und geschütteltem Leitungswasser ist enorm, zumal von den Herstellern keinerlei klinische Studien bezahlt werden müssen, da Homöopathika keine Medikamente nach dem Arzneimittelkodex sind, sondern nur dem Lebensmittelkodex

Epilepsie besteht

169

unterliegen, also nur nach bestimmten hygienischen Vorschriften hergestellt werden müssen.

Grundsätzlich lässt sich sagen: Wer gesund ist und zu viel Zeit und Geld hat, kann ohne weiteres ein wenig mit Homöopathie herumexperimentieren, wenn man aber krank ist, sollte man zum Arzt gehen und nicht zum Homöopathen.

Anleitung zum homöopathischen Komasaufen

Wer zu spät auf eine Party kommt und schon gut angetrunkene Gäste in bester Feierlaune vorfindet, der kann, wenn er auf die Macht des Potenzierens vertraut, seinen Berauschungsrückstand sehr schnell aufholen. Hier das Rezept für einen homöopathischen Vollrausch für Schüttler nach der Mehrglasmethode:

Versuchsanordnung

1 Tisch
12 normale Wassergläser
1 Flasche Urtinktur. Dafür verwendet man am besten hochprozentigen Schnaps. Hervorragend eignet sich Stroh-Rum mit 80 % Alkohol („The Spirit of Austria"). Der Versuch funktioniert aber auch mit jedem anderen Schnaps.
1 Wegwerfpipette bis zu 3 Milliliter aus Kunststoff
1,2 Liter destilliertes Wasser, aber normales Wasser tut's auch

Versuchsdurchführung

1. *Man füllt zunächst die 12 Wassergläser mit 1/10 Liter destilliertem Wasser.*
2. *Hierauf nimmt man mit der Pipette einen Milliliter (1/1000 Liter) des hochprozentigen Alkohols aus der Schnapsflasche und gibt ihn in das erste Glas mit dem destillierten Wasser. Damit ist der Schnaps schon um 1/100 verdünnt (1/1000 Liter aufgelöst in 1/10 Liter). Jetzt muss kräftig geschüttelt werden: am besten zehnmal nach links und rechts, vor und zurück, oben und unten. Es wird empfohlen, einen Bierdeckel*

auf das Wasserglas zu legen und festzuhalten, damit man nicht nass wird. Das Ergebnis bezeichnen die Homöopathen als homöopathische Verdünnung C1.

3. *Hierauf entnimmt man aus dem Glas mit C1 mit der Pipette einen Milliliter, gibt ihn in das nächste Glas und schüttelt wieder kräftig. Wir haben nun eine homöopathische Verdünnung C2.*

4. *Den vorigen Schritt wiederholt man bis zu C12.*

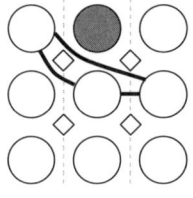

Nichts wird gesehen

Um sich vorstellen zu können, was diese Verdünnungen bedeuten, kann man die folgenden Vergleiche machen, wobei wir der Einfachheit halber nach Zehnerpotenzen auf- oder abgerundet haben:

C1: die Flasche Schnaps verdünnt in einer Badewanne

C2: die Flasche Schnaps verdünnt in einem Tankwagen

C3: die Flasche Schnaps verdünnt in einem Schwimmbad

C4: die Flasche Schnaps verdünnt in einem Öltanker

C5: die Flasche Schnaps verdünnt im Chiemsee

C6: die Flasche Schnaps verdünnt im Ladogasee: größter See Europas

C7: die Flasche Schnaps verdünnt im Baikalsee: größter Süßwassersee der Erde

C8: die Flasche Schnaps verdünnt im Mittelmeer

C9: die Flasche Schnaps verdünnt in allen Ozeanen

C10: die Flasche Schnaps verdünnt im Volumen des Erdmantels

C11: die Flasche Schnaps verdünnt im Volumen der Erde

C12: die Flasche Schnaps verdünnt im Volumen des Jupiters, des größten Planeten im Sonnensystem

Hier beenden wir unseren Versuch, weil mit großer Wahrscheinlichkeit kein einziges Molekül der Urtinktur mehr drin ist. Für einen richtigen Homöopathen ist aber C12 noch gar nichts – es geht weiter:

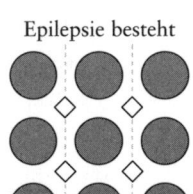

Epilepsie besteht

171

C16: die Flasche Schnaps verdünnt im Volumen der Sonne
C27: die Flasche Schnaps verdünnt im Volumen des Sonnen-
systems
C54: die Flasche Schnaps verdünnt im Volumen einer Galaxie mit
100 Milliarden Sternen
C74: die Flasche Schnaps verdünnt im Volumen des Universums
C100: die Flasche Schnaps verdünnt in 100 Billionen Billionen
Universen

Ob die Dynamisierung zum Aufholen des Berauschungsrückstan-
des reicht, können Sie nun testen: Trinken Sie das letzte Glas mit
C12 aus, und Sie haben einen homöopathischen Vollrausch. Da-
bei sollte laut homöopathischer Lehre ein viel stärkerer Rausch
eintreten als bei der gleichen Menge an Urtinktur, in unserem Fall
hochprozentigem Rum.

Die Vorteile eines homöopathischen Vollrausches sind enorm: Sie
können nach der Party mit dem Auto nach Hause fahren und pas-
sieren garantiert jede Verkehrskontrolle, obwohl Sie laut Homöo-
pathie sturzbetrunken sind, und Sie haben am nächsten Tag
garantiert keinen Hang-over. Einziger Nachteil: Weil Sie so viel
Wasser getrunken haben, müssen Sie vermutlich in der Nacht
öfter auf die Toilette als gewohnt.

Nach einem ähnlichen Prinzip sollen die sogenannten Schüßler-
Salze funktionieren, auch dabei wird auf die Methode des Potenzierens vertraut, es wird aber nicht ganz so rabiat verdünnt.

Behandelt wird nach der These, wonach die Zelle Ausgangs-
punkt von Krankheiten sei. Demnach führe eine Abweichung
vom Normalgehalt an anorganischen Nährsalzen zu Störungen
der biochemischen Prozesse in der Zelle. Durch die Zuführung
der Mineralstoffe in homöopathischen Dosen soll das für den
Funktionsablauf der Zelle notwendige Ionengefälle wiederhergestellt werden. Dass die Wirkung von Schüßler-Salzen wissenschaftlich nicht nachgewiesen ist, goes without saying.

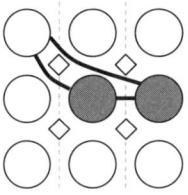

Ein Nichtwirknachweis erfolgte sogar unter besonders grausamen Umständen. Zur Zeit des Nationalsozialismus wurde die Biochemie nach Schüßler (nicht zu verwechseln mit dem gleichnamigen Wissenschaftszweig) eine anerkannte Heilweise. Die „Krankenbehandler", die bislang am Rande der Legalität praktiziert hatten, erhielten den Status von Heilpraktikern. Heinrich Himmler, der sogenannte Reichsführer SS, war ein Freund der Naturheilkunde. So konnten erstmals mit staatlicher Billigung und Förderung Untersuchungen durchgeführt werden, in denen die behauptete Wirksamkeit „biochemischer" Arzneimittel überprüft wurde. Solche Versuche fanden auch in den Konzentrationslagern Dachau und Auschwitz statt, unter Leitung des Reichsarztes SS Ernst-Robert Grawitz. Dabei wurden unter anderem künstlich herbeigeführte Fälle von Blutvergiftung und Malaria weitgehend erfolglos behandelt. Für die Häftlinge nahmen diese Experimente in den meisten Fällen einen tödlichen Ausgang.[39]

Martin Puntigam wird erkannt

Zum Glück sind Experimente mit Salz nicht immer lebensgefährlich, manchmal sind sie einfach nur teuer. Welches Salz mögen Sie am liebsten? Das besonders milde, rosa Himalajasalz, das gemäßigte Meersalz mit der Kraft der Sonne, oder das zwar billige, aber dafür sehr aggressive Salinensalz?

Wenn Salinensalz Ihr Favorit ist, dann dürfen wir gratulieren. Mit dem Geld, das Sie sich beim Würzen

---

39 http://www.esowatch.com/ge/index.php?title=Schüßlersalze#Experimente_in_Konzentrationslagern, Zugriff am 21.6.2010, schriftliche Bestätigung des Sachverhalts durch das Dokumentationsarchiv des österreichischen Widerstandes (DÖW)

Epilepsie besteht

Ihrer Speisen sparen, können Sie einmal im Jahr gut essen gehen. Mindestens. Denn Salz ist Salz ist Salz. Salz besteht aus Natriumchlorid (NaCl) und einigen Verunreinigungen. Den salzigen Geschmack verursacht das Natrium. Die Verunreinigungen können etwas Gips oder Eisenoxidverbindungen sein. Zusätzlich wird manchen Salzen noch eine Rieselhilfe beigemengt, damit das Salz an der Luft nicht verklumpt. Es nimmt gerne Flüssigkeit auf, und die dadurch neu entstandenen Kristalle lassen sich nicht mehr ganz so gut verwenden. Rieselhilfen im Salz haben einen schlechten Ruf, aber erstens sind im Zucker gleichermaßen Rieselhilfen drin, ohne dass davon viel Aufhebens gemacht würde, und zweitens sind die dafür verwendeten Zusatzstoffe Kalk (Calciumcarbonat), Magnesiumcarbonat oder Silikate gesundheitlich völlig unbedenklich. Kalium-, Calcium- und Magnesiumionen sind wichtige Bestandteile des Trinkwassers, in Mineralwässern finden sich auch gelöste Silikate. Zudem wird vielen Salzen zur Vorbeugung gegen Jodmangel noch Natriumiodat oder Kaliumiodat zugesetzt. Das Salz selbst kann natürlich nicht an Jodmangel leiden, Jod ist dem Salz egal, aber seit die Menschen jodiertes Salz verwenden, laufen nicht mehr so viele von ihnen mit einem Kropf herum, und das ist nicht nur optisch ein Gewinn.

Alle Salzsorten weisen ein paar Verunreinigungen auf – aber das erklärt den Preisunterschied nicht. Woran liegt es also, dass es ein enormes Preisgefälle bei Salz gibt? Liegt es am unterschiedlichen Geschmack der verschiedenen Salze? – Nein. Der unterschiedliche Salzgeschmack hängt ausschließlich vom Mahlgrad beziehungsweise von der Korngröße der Salzkörner ab. Je feiner das Salz gemahlen ist, umso mehr Moleküle können sich auf der Zunge gleichzeitig lösen, und umso aggressiver erscheint uns das Salz. Sind die Körner größer, dauert es länger, bis das Salz auf der Zunge zergeht, und es erscheint uns daher milder. Wenn Sie Ihr Essen mit frisch gemahlenem Salz aus der Mühle würzen, trainieren Sie damit höchstens Ihre Handgelenksmuskulatur und machen den Herstellern von formschönen Salzmühlen eine Freude.

Sollten Sie das nicht glauben wollen, dann geben Sie die gleiche Menge (wichtig ist das Gewicht, nicht das Volumen) Meersalz und Salinensalz in warmes Wasser und rühren um. Wenn sich das Salz aufgelöst hat, lassen Sie doch jemanden kosten, welches Salzwasser besser schmeckt. Sie sollten auf jeden Fall jemand anderen kosten lassen, denn selber ist man voreingenommen.

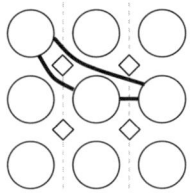

Martin Puntigam
wird erkannt

Viele Menschen glauben, dass sich im Meersalz zusätzliche Stoffe befinden, die der Gesundheit dienen. Das stimmt auch, im Meerwasser befinden sich sogar sehr viele zusätzliche Stoffe. Ob sie der Gesundheit dienen, ist allerdings fraglich. Man darf nicht vergessen, dass die Meere auch nicht immer so sauber sind, wie uns die Urlaubsprospekte weismachen wollen. In den Meeren, besonders an den Küsten, finden wir Ölverschmutzungen, Tierfäkalien, Abwässer aus Großstädten und Industrie und sonst noch so einigen Unrat. Und aus diesen Meeren wird das mitunter deutlich teurere Meersalz bezogen. Wer die zusätzlichen Inhaltsstoffe des Meersalzes für wertvoll hält, für den ist 2010 mit der Ölkatastrophe im Golf von Mexiko vermutlich ein besonders guter Jahrgang.

Salz hingegen, das in Bergwerken gewonnen wird, ist natürlich nicht von der südlichen Sonne beschienen. Es kommt aus dumpfen, traurigen Höhlen und hat ein schlechtes Image. Aber wie kam das Salz eigentlich in diese Höhlen beziehungsweise unter die Erde? Früher, also vor einigen Jahrtausenden, gab es an ganz anderen Stellen große Meere, die im Laufe der Zeit eingetrocknet sind. Die Kontinente haben sich verschoben, eingetrocknetes Salz wurde von anderem Gestein überdeckt, und Jahrmillionen später konnte der Mensch das Salz durch Bergbau gewinnen. Das Salz der Salinen ist genau genommen prähistorisches Meersalz. Um es zu fördern, lei-

Epilepsie besteht

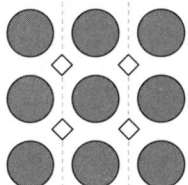

tet man Wasser in die Stollen, dabei löst sich das Salz auf. Darauf wird das salzhaltige Wasser, die Sole, in die Saline geleitet und dort „getrocknet", genau so wie Meersalz. Es gibt vom Standpunkt der Physik und Chemie keinen Unterschied zwischen Meersalz und dem Salz der Salinen. Deshalb sollte es auch keinen im Preis geben. Dasselbe gilt natürlich auch für Fleur de Sel. Als Fleur de Sel bezeichnet man besonders teures Meersalz, das durch eine altmodische, umständliche und aufwendige Methode gewonnen wird. Es entsteht nur an heißen und windigen Tagen als hauchdünne Schicht an der Wasseroberfläche von Salzteichen und muss früh am Morgen in mühsamer Handarbeit mit einer Holzschaufel abgeschöpft werden. Wem das Spaß macht, der kann das natürlich machen, besseres Salz bekommt er dadurch nicht.

Bleibt das Himalajasalz. Warum geben Menschen so viel Geld für dieses rosafarbene Salz aus? Tun sie das, weil sie dem höchsten Berg der Erde eine Freude machen wollen? Oder weil sie, wenn sie schon nie ohne Sauerstoffmaske auf den Gipfel des Mount Everest gelangen können, wenigstens atemberaubende Preise für Salz aus der Gegend bezahlen wollen? Man weiß es nicht. Im Wesentlichen wird Himalajasalz in der pakistanischen Provinz Punjab abgebaut. Der Himalaja ist zwar in der Nähe, aber das ist auch schon alles. Rund 30 Prozent dieses teuren Salzes werden in Polen abgebaut. Das ist dann zumindest ökologisch besser, weil das Salz nicht so weit zu uns transportiert zu werden braucht. Die Technische Universität Clausthal (Niedersachsen) untersuchte im Auftrag von WISO (Verbrauchermagazin des ZDF) das Himalajasalz und kam zu dem Ergebnis: „Das Salz unterscheidet sich in seiner chemischen Zusammensetzung in keiner Weise von anderen natürlichen Steinsalzen. Gegenüber dem bekannten Küchensalz unterscheidet es sich nur dadurch, dass es mehr Verunreinigungen enthält." Diese Verunreinigungen enthalten geringe Mengen an Mineralstoffen – sie tragen zum täglichen Bedarf des menschlichen Körpers praktisch nichts bei, wenn Sie sich gesund ernähren. Wertvoll ist Himalajasalz ausschließlich für die Brieftasche des Verkäufers, weil er mit einem Marketingschmäh ein Vermögen verdient, oder – wie es die Stiftung Warentest bezeichnet – mit Verbrauchertäuschung.

In einem unterscheidet sich Himalajasalz aber doch von anderen Salzen, es ist nämlich rostig. Ein bisschen zumindest, denn die rosa Färbung rührt von Eisenoxidverbindungen her. Wenn Sie gern Rost zu Ihrem Salat oder in Ihrer Suppe haben, können Sie genauso gut einen rostigen Nagel ablutschen oder mitkochen. Da brauchen Sie nicht zu warten, bis Ihnen jemand teuren Rost aus Polen oder Punjab bringt.

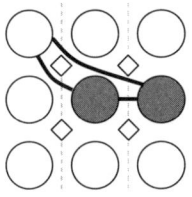

Martin Puntigam
wird erkannt

Der Evolutionsdruck durch Esoterik nimmt in den letzten Jahren ständig zu. Der größte Wachstumsmarkt ist naturgemäß jener „medizinischer" Anwendungen: Homöopathie, traditionelle chinesische Medizin, Radiästhesie, Kinesiologie, Bach-Blüten, Quantenmedizin, Cranio-Sacral-Therapie, Anthroposophische Medizin, Schüßler-Salze und so weiter und so fort. Der Fantasie sind kaum Grenzen gesetzt, denn es sind die Grenzen der Leichtgläubigkeit der zahlenden Kundschaft.

Seit Jahren hält Werner Gruber an Wiener Volkshochschulen Kurse mit dem Titel „Magie, Mysterium, Manipulation – die Naturwissenschaften der Akte X". Auch Heinz Oberhummer ist als Vorsitzender der Gesellschaft für kritisches Denken, der österreichischen Regionalgruppe der Gesellschaft zur wissenschaftlichen Untersuchung von Parawissenschaften (GWUP), immer wieder mit Theorien und Behauptungen konfrontiert, die oft noch viel obskurer sind als das, was ihm in der Kosmologie unterkommt. Aber im Unterschied zu einem Schwarzen Loch oder einem Paralleluniversum kann man etwa telepathische Fähigkeiten ganz einfach überprüfen. Und das wird auch gemacht.

Epilepsie besteht

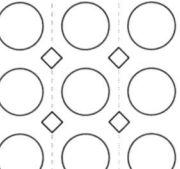

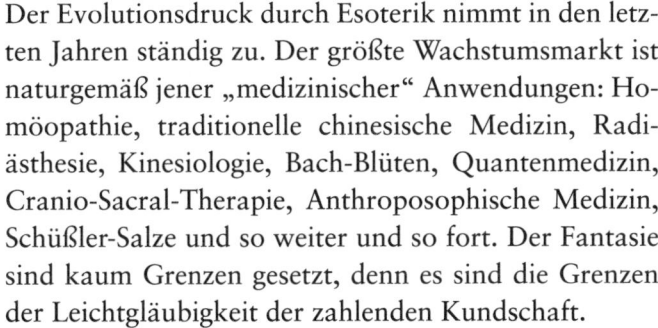

177

Von den Skeptikern, wie sich die Vereinigung auch nennt, und zwar weltweit. Wer nachweisen kann, dass er paranormale Fähigkeiten besitzt, den erwartet ein stolzes Preisgeld. Allein die James Randi Educational Foundation hat eine Million Dollar ausgesetzt.[40] Wenn man alle Preisgelder aller Skeptiker-Organisationen addiert, kämen etwa drei Millionen Dollar zusammen. Und die Skeptiker selbst wären am meisten aus dem Häuschen. Denn Skeptizismus bedeutet ja nicht, dass man nur das glauben möchte, was einem passt, sondern dass man Behauptungen auf ihre wissenschaftliche Haltbarkeit überprüft. Und wenn jemand Gedanken lesen könnte, dann wäre das hochinteressant. Leider ist der Nachweis bis jetzt nicht erfolgt. Logischerweise. Denn wenn jemand tatsächlich telepathische Fähigkeiten besäße, wäre er auf das Geld der Skeptiker nicht angewiesen, sondern könnte in aller Ruhe die Gedanken seiner Mitmenschen lesen und sich so unauffällig seinen Lebensunterhalt verdienen.

Generell ist es sehr unwahrscheinlich, dass jemand telepathische Fähigkeiten besitzt. Es handelt sich dabei nämlich nicht, wie man meinen könnte, um eine jahrtausendealte, mystische Veranlagung, die nur Medizinmänner und Schamanen beherrschen, durch die eine Geistermacht spricht, sondern Telepathie gibt es ungefähr gleich lang wie Telefonie. Entstanden ist sie eigentlich aus menschlichem Standesdünkel heraus. Als Johann Philipp Reis am 26. Oktober 1861 in Frankfurt seinen Ferntonapparat vorstellte, hielten viele Menschen das noch lange für Zauberei. Und sie fühlten sich der Apparatur weit überlegen. Denn diese bestand als Sender aus einem aus Holz geschnitzten Ohr, mit einer Schweinsblase als Trommelfell und einem Metallstreifen als Hammer, und als Empfänger aus einer mit einem Draht umwickelten Stricknadel. Und was ein Schweinsblasenholzohr und eine Stricknadel können, das können wir schon lange, haben sich die

---

40 http://www.randi.org/site/index.php/1m-challenge.html, Zugriff am 24.5. 2010

Menschen damals gedacht, und so ist die Telepathie entstanden. Einer der ersten jemals über einen Fernsprecher transportierten Sätze war übrigens angeblich „Das Pferd frisst keinen Gurkensalat".

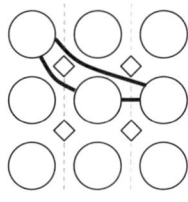

Martin Puntigam wird erkannt

Apropos essen, apropos Gurken. Die Lichtfaster haben sich wieder zurückgemeldet. Unter Lichtfasten versteht man eine Form der sogenannten Inedia, dem Verzicht auf jegliche Nahrung. Man ernährt sich nur von Licht. Ein Auto mit aufgeblendeten Scheinwerfern ist Essen auf Rädern, ein mit Flutlicht erhelltes Fußballstadion ein All-you-can-eat-Buffet. Ob man sich mit Energiesparlampen besonders kalorienbewusst ernähren kann, ist nicht bekannt. Lichtfasten oder Breatharianism war in den achtziger und neunziger Jahren des vergangenen Jahrhunderts eine Zeitlang in Mode, ist dann fast verschwunden, aber im April 2010 hat ein indischer Yogi wieder einmal behauptet, er könne ohne Nahrung überleben. Nicht eine Woche, nicht ein Jahr, sondern gleich 70 Jahre, damit sich die Zeit, die man sich durchs Nicht-Geschirr-abwaschen-Müssen erspart, auch auszahlt. Zum Beweis hat er sich 14 Tage in einer indischen Klinik in „Rund-um-die-Uhr-Überwachung" begeben. Einmal mit alles, bitte, in seinem Fall also ohne Essen, ohne Trinken, ohne Klogehen. Angeblich waren 30 Ärzte ratlos, wie er das überleben konnte, was nicht sehr für die Ärztekammer Indiens spricht. Man kann nämlich getrost davon ausgehen, dass es sich um einen Schwindel handelt, eine abgeschmackte Freak Show, vermutlich veranstaltet von einem der Ärzte.[41]

---

41 http://www.independent.co.uk/life-style/health-and-families/starving-yogi-astounds-indian-scientists-1970603.html, Zugriff am 25.5.2010

179

Epilepsie besteht

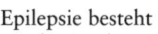

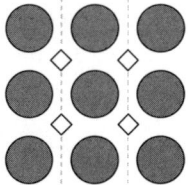

Pro Tag verliert der Körper ungefähr 400 Milliliter durch Ausatmen von Wasserdampf. Multipliziert man 400 mit 14, so ergibt das 5600 Milliliter, also fünfeinhalb Kilo. Die hätte der Yogi nach den 14 Tagen leichter sein müssen. Wenn er das schon 70 Jahre durchgehalten hätte, wäre gar nichts mehr von ihm da, was 30 ratlose Ärzte bestaunen hätten können.

Lichtfasten klingt albern, kann aber sehr schnell lebensgefährlich werden. Lichtfastenden Menschen winkt nicht nur eine radikale Abmagerungskur, sondern angeblich auch eine höhere Bewusstseinsstufe und die Chance auf Unsterblichkeit. Allerdings eine sehr kleine Chance. Lichtenergie liefert selbstverständlich keine Aufbaustoffe, natürliche Mineralien und Vitamine. Eine Trinkmenge von wenigstens einem Liter pro Tag ist das Minimum, um Giftstoffe aus dem Körper zu schwemmen. Bereits nach drei Tagen des Nichttrinkens droht Nierenversagen. Das Immunsystem wird geschwächt, die Gefahr einer Infektion ist besonders groß. Außerdem sinkt der Blutzuckerspiegel, der Lichtesser kann ins Koma fallen. Wird das Hirn unterversorgt, drohen Angstzustände, Verwirrung oder Halluzinationen. Mehrere Menschen sind weltweit schon an den Folgen des Lichtfastens gestorben.

Warum machen Menschen so was überhaupt? Den Ansichten gewisser Esoterikerkreise zufolge kann ein Mensch auf Dauer dank einer geheimnisvollen Prana-Energie oder einer Lichtenergie überleben. Wie macht er das? Gar nicht. Wer das behauptet, schwindelt. Und das ist vermutlich noch sein geringstes Problem. Schon das grundlegende Gesetz der Erhaltung von Masse und Energie zeigt die Unmöglichkeit der Erzeugung einer nennenswerten Masse durch Energie. Um den Bedarf an Kohlenstoffatomen eines Menschen für nur einen einzigen Tag aus Sonnenlicht abzudecken, müsste man sich eine Milliarde Jahre in die Sonne legen! Das heißt aber auch, wenn Sie in der Nacht zum Kühlschrank gehen, dann ist auf jeden Fall nicht das Licht im Kühlschrank schuld, wenn Sie zunehmen.

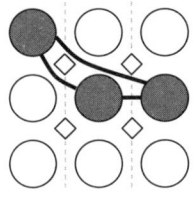

Vielleicht ist der Mond schuld. Könnte ja sein. Der Mond kann selber abnehmen, vielleicht kann er auch andere dazu inspirieren. Er kann immerhin Gezeiten machen, das ist ja nicht nichts. Der Mensch besteht zu zwei Dritteln aus Wasser, alle chemischen Reaktionen in Lebewesen laufen im wässrigen Milieu ab, das steht sogar in diesem Buch (Seite 157), also wird der Mond natürlich Einfluss auf den Menschen haben. Das weiß man ja, dass es zu Vollmond mehr Babys gibt und so. Wer das nicht weiß, ist bitte voll das Opfa.

Martin Puntigam
wird erkannt

Okay. Machen wir einen Test.

Wer glaubt, dass der Mond nennenswerten Einfluss auf den menschlichen Körper hat, der hebt bitte jetzt die Hand.

Aha.

Und wer glaubt, der Mond hat praktisch keinen Einfluss, bitte jetzt die Hand in die Höhe.

Auch einige.

Und wem das original wurscht ist, weil er wirklich andere Sorgen hat, dann bitte jetzt die Hand heben.

Hab ich mir gedacht.

Die Lösung ist einfach und naheliegend, aber davor blättern Sie bitte um, damit Sie wieder einmal ein wenig Bewegung machen und nicht so zunehmen wie der Mond!

Kleiner Scherz.

Pardon.

Epilepsie besteht

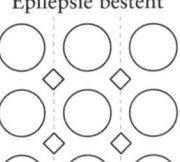

181

Tatsächlich besteht der wichtigste Einfluss des Mondes in seiner Anziehungskraft auf die Erde. In Zusammenarbeit mit der Sonne entstehen die Gezeiten, das periodische Auf- und Ablaufen des Wassers an den Meeresküsten. Der Wasserstand kann regelmäßig bis zu einem Meter schwanken, wobei man mit Flut das Ansteigen des Wassers vom Niedrig- bis zum Hochwasser, mit Ebbe das Fallen des Wassers bezeichnet.

Das ist für einen Mond ganz okay. Und das war's dann aber auch schon. Alles, was der Mond sonst noch für uns tun kann, ist sich anschauen lassen, wenn er gerade gut beleuchtet ist. Es gibt, abgesehen vom Mondlicht, keinen wissenschaftlich nachweisbaren Einfluss auf den Körper des Menschen oder anderer Lebewesen durch den Mond. Warum? Der Gezeiteneffekt auf den Menschen ist zehn Millionen Mal kleiner als der des Mondes auf die Erde und kann wegen seiner Winzigkeit keine Wirkung ausüben. Der Verlust einer einzigen Hautschuppe übt mehr Kraft auf den Menschen aus als die Gezeitenkraft, die vom Mond auf die Erde ausgeübt wird. Das können Sie also vergessen. Es kommen auch nicht mehr Babys auf die Welt, es passieren auch nicht mehr Unfälle bei Vollmond, es schlafen vielleicht ein paar lichtempfindliche Menschen schlechter, falls sie schlechte Jalousien im Schlafzimmer haben.

„Und was ist mit der Übereinstimmung des weiblichen Menstruationszyklus mit dem Zyklus des Mondes?", höre ich da die Ersten raunen, „beides 28 Tage, das passt aber schon super zusammen." Ich muss Sie leider enttäuschen. Mit durchschnittlich etwa 28 Tagen entspricht dieser Zyklus nicht genau der Zeit zwischen zwei Neumonden, der Mondzyklus dauert 29,5 Tage. Als normal werden heute außerdem Zyklen bezeichnet, die 23 bis 35 Tage dauern. Der Zyklus von Frauen in den USA und in Japan differiert um zwei Tage, wenn Sie es genau wissen wollen, der Mond ist aber da wie dort derselbe. Nein, der Mond berücksichtigt die nationalstaatlichen Unterschiede nicht. Andere Primaten, die sehr naturnah leben, weisen zum Teil noch größere Abweichungen zwischen dem Menstruationszyklus der Weibchen und dem Mondzyklus auf.

Und der Mondzyklus war früher noch länger. Und und und. Das heißt aber nicht, dass es gar keinen Einfluss des Mondes auf den Menschen gibt. Im Gegenteil.

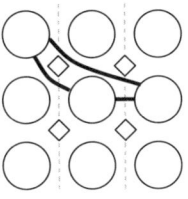

Martin Puntigam
wird erkannt

Wer mit der Leichtgläubigkeit der Menschen gute Geschäfte macht, der weiß den Einfluss des Mondes natürlich zu schätzen. Menschen, die Vollmondseminare anbieten, Mondkalender mit speziellem Mondwissen und dergleichen Unfug mehr, spüren den Einfluss des Mondes zum Teil ganz beträchtlich, und zwar auf ihrem Konto. Können Sie sich circa 10 Millionen Euro vorstellen? Können Sie natürlich nicht, das war nur eine rhetorische Frage. Das ist eine so große Zahl, die kann man sich weder circa noch genau vorstellen.

Circa 10 Millionen Euro hat ein Mondexpertenehepaar allein mit seinen Mondkalendern verdient. Für einen Physiknobelpreis bekommt man nur eine Million. Wenn man nur nominiert wird, bekommt man gar nichts. Selber schuld, wenn man Physik studiert und nicht Mondholz.

Unter Mondholz versteht man Holz von Bäumen, die unter Berücksichtigung des forstwirtschaftlichen Mondkalenders gefällt wurden. Mondholz soll magische Eigenschaften besitzen. Behauptet wird unter anderem, dass bei Voll- oder Neumond geschlagenes Holz besonders wenig Wasser enthält. Die Bäume müssen dazu im Winter, genauer gesagt um Weihnachten herum, bei abnehmendem Mond kurz vor Neumond geschlagen werden. Auch der Anfang des März wird häufig als günstiger Zeitpunkt benannt, weil Holz, das am 1. März nach Sonnenuntergang geschlagen wurde, angeblich nicht brennt. Leider stimmt das nicht, und man kann daher Holz vom 1. März nicht für einen April-

Epilepsie besteht

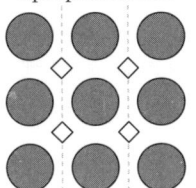

183

scherz im Krematorium gebrauchen. Auch die anderen Eigenschaften, die dem unter besonderen Umständen geschlägerten Holz nachgesagt werden, halten einer wissenschaftlichen Überprüfung nicht stand. In unzähligen Untersuchungen[42] konnte bezüglich der Holzfeuchte, Brennbarkeit, Resistenz gegenüber Pilzen und Würmern, Schwindung und Härte kein Unterschied festgestellt werden. Der einzige Unterschied besteht im Preis. Mondholz ist bis zu 30 Prozent teurer. Vielleicht bewirkt diese Überteuerung der Nachttarif der Holzarbeiter. Vielleicht ist es aber auch nur Aberglaubenszuschlag.

Noch teurer als Mondholz ist übrigens Mondwasser. Viel teurer sogar. Unter Mondwasser versteht man aber nicht Wasser, das zu einem besonderen Zeitpunkt, unter heftigem Sehnen und Wünschen nach Besonderheit des H_2O aus einer versteckten Quelle von einem Gebete murmelnden Wasserschamanen gezapft wurde, sondern Wasser, das auf dem Erdtrabanten Mond entdeckt wurde. Und das war wirklich eine Sensation, denn jahrzehntelang galt der Mond geologisch als tot. Aber seit den Apollo-Missionen weiß man, dass auf dem Mond regelmäßig Erdbeben stattfinden, und seit Oktober 2009 steht endgültig fest, dass es auf dem Mond Wasser gibt. Als Wassereis in Kratern. Woher das Wasser auf dem Mond kommt, weiß man noch nicht endgültig. Sicher nicht vom Regen, denn der Mond hat keine Atmosphäre. Eine Möglichkeit wäre die Reaktion von Sonnenwind auf der Mondoberfläche. Dadurch entsteht überall auf dem Mond in Abhängigkeit des Breitengrades Wasserstoff und Sauerstoff. Allerdings nicht sehr viel. Das meiste verdampft sofort wieder. Wenn überhaupt. Im Labor auf der Erde ließen sich solche Reaktionen bislang nicht nachvollziehen. Möglicherweise stammt das Wasser daher von Wasserasteroiden, also Kometen, oder von sogenannten Microcomets. Das sind eishal-

---

42 http://www.atypon-link.com/SFS/doi/pdf/10.3188/szf.2000.0425, Zugriff am
     28.5.2010

tige Staubteilchen, die beständig auf dem Mond einschlagen. Oder das Wasser stammt aus dem Inneren des Mondes. Der Mond hat natürlich kein Grundwasser, sondern das Wasser stammt aus dem Inneren des Mondes und ist durch vulkanische Aktivität im Magma an die Oberfläche gelangt und dort gefroren. Allerdings nur ein kleiner Teil. Der größte Teil ist als Wasserdampf ins All entwichen.

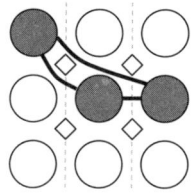

Martin Puntigam
wird erkannt

Das Vorkommen von Wassereis würde den Astronauten das Leben enorm erleichtern. Es könnte für den Bau und Betrieb von Mondstationen verwendet werden, als Trinkwasser, zur Kühlung, sogar als Raketentreibstoff. Aber nicht für Wasserraketen, die ausgelassene Astronauten im Sommer in der Badehose in der Gegend herumschießen, sondern aus Sonnenenergie und Wasser kann man Sauerstoff und Wasserstoff gewinnen, die in flüssiger Form als Raketentreibstoff dienen. Außerdem bräuchte man nicht mehr Wasser von der Erde zum Mond fliegen, was sehr teuer ist. Einen Liter Wasser auf den Mond zu transportieren kostet etwa 100.000 Dollar. Dagegen ist selbst Granderwasser billig. Allerdings hat Wasser auf den Mond zu bringen einen Sinn, wir lernen dadurch den Mond besser kennen und indirekt die Erde und also uns selbst. Und wenn in Zukunft vielleicht wieder einmal eine bemannte Rakete auf dem Mond landet oder gar eine permanente Mondstation betrieben wird, dann wäre ein Wasservorrat auf dem Mond natürlich sehr praktisch.

Jetzt wenden natürlich sofort die Ersten ein: „Wieder einmal? Der Mensch war doch noch nie auf dem Mond, das war ein Fake! Das weiß wohl jeder, da gibt es Dutzende Beweise!“

Epilepsie besteht

Tatsächlich gibt es nicht sehr viele unwiderlegbare Beweise, dass der Mensch am Mond war. Dafür, dass er nicht auf dem Mond war, gibt es allerdings keinen einzigen Beweis. Nicht einmal einen Hinweis. Die vielen Einwände, die gegen eine tatsächliche Mondlandung sprechen sollen, sind hinlänglich belegt, fehlender Landekrater, fehlende Reifenspuren, fehlende Sterne, Flaggen im Wind, falsche Schatten, you name it.[43]

Schatten beispielsweise sind auch auf der Erde auf zweidimensionalen Bildern, also Fotografien, nur im Ausnahmefall parallel, die Länge der Schatten wird bei gleich großen Gegenständen oder Personen meist ebenfalls nicht gleich groß abgebildet. Warum bei der Mondlandung 1969 und den folgenden keine zusätzliche Studiobeleuchtung für unterschiedliche Schatten gesorgt haben kann, können Sie jederzeit zu Hause selbst nachprüfen.

Mondlandung für zu Hause
In zweifelhaften Internetforen und in diversen Medien findet man immer wieder die Behauptung, die Mondlandung habe nicht stattgefunden. Es werden dafür sogar Beweise angeführt, wie zum Beispiel die Fotos von der Mondoberfläche, auf denen verschiedene Objekte unterschiedliche Schattenrichtungen aufweisen. Das ist aber kein Beweis für die Fälschung der Mondlandung, sondern eher für das eigene Unverständnis der Physik. Betrachten wir doch einmal das folgende Foto: ein Astronaut, die Mondlandefähre und ein paar Steine. Wie man leicht erkennen kann, verlaufen die Schatten in unterschiedliche Richtungen, also muss es zwei Lichtquellen geben, eine für die Mondlandefähre und eine für die Steine im Vordergrund. Oder?

---

43 http://www.mondlandung.pcdl.de, Zugriff am 8.6.2010

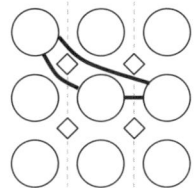

Abb. 22: Dieses Bild wurde während der Apollo-14-Mission aufgenommen. Es zeigt Allen Shepard, die Mondlandefähre und viel
Landschaft.

Aber gibt es da nicht etwas mit Fluchtpunkten und
Fluchtpunktperspektiven? In einer perspektivischen
Abbildung, das obige Foto ist eine solche, schneiden
sich die Geraden, die im Original parallel zueinander
verlaufen, in einem gemeinsamen Fluchtpunkt. Mal
sehen, ob wir das einzeichnen können.

Abb. 23: Nun sind die Projektionslinien eingezeichnet.

187

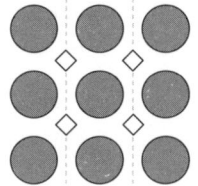

Und siehe da, mithilfe der Geometrie kann man sogar bestimmen, wo die Sonne zum Zeitpunkt der Aufnahme stand. Jetzt müssen wir aber ehrlich sein: bei dem zerklüfteten Stein stimmen die Hilfslinien nicht überein. Da stimmt doch etwas nicht. Also bauen wir eine Mondlandung nach, um zu klären, warum sich ein Schatten anders verhält, als er sollte. Dafür benötigen wir zwei Astronauten.

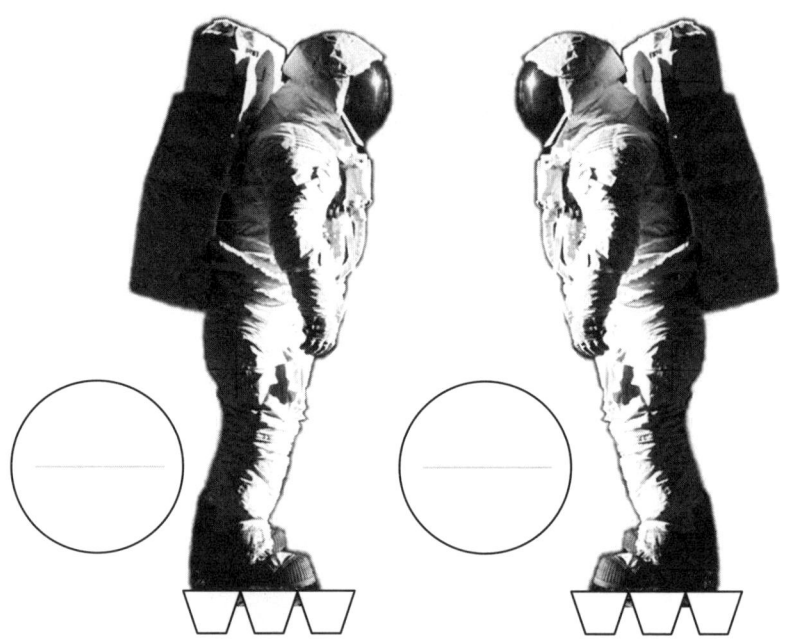

Abb. 24: Die Astronauten ausschneiden und mit den Laschen auf die Kreise kleben.

Oder wir verwenden zwei Tablettenröhrchen. Dann benötigen wir noch eine Schreibtischlampe und ein Buch. Die Schreibtischlampe stellen wir auf das eine Ende des Tisches, die Astronauten-Röhrchen auf das andere. Wir werden nun beobachten, dass die Schatten parallel sind. Aber was passiert, wenn wir ein Buch nehmen und es leicht schräg in einen Schatten stellen?

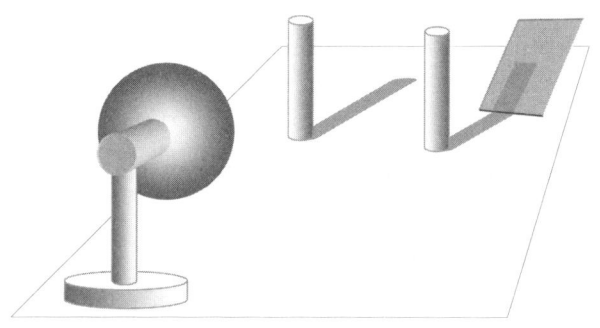

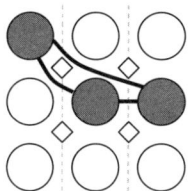

Abb. 25: Richtig beobachtet, der Schatten macht einen Knick.

Da die Mondoberfläche nicht bretteleben ist, kommt es öfters vor, dass sich die Schatten etwas ungewöhnlich verhalten. Und alle, die glauben, dass es unterschiedliche Schatten gibt, weil ein zweiter Scheinwerfer beteiligt war, werden vom nächsten Bild verblüfft sein.

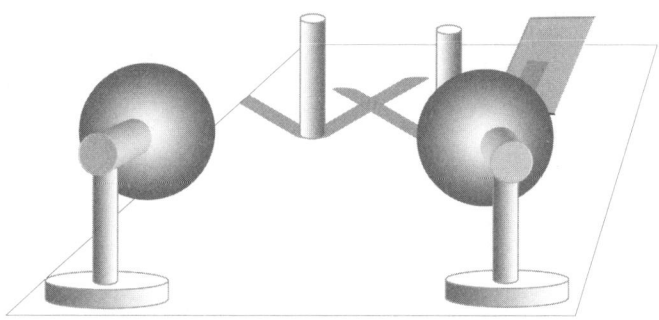

Abb. 26: Zwei Scheinwerfer verursachen pro Figur auch zwei Schatten – auf dem Mond wie auf der Erde.

Warum die Mondlandung tatsächlich stattgefunden hat, lässt sich anhand des mitgebrachten Mondgesteins sehr leicht demonstrieren. Solches Gestein gibt es auf der Erde nicht, und es gab damals auch keine Möglichkeit, es herzustellen. (Heute wäre das eventuell mög-

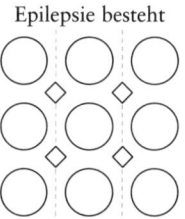

189

lich, aufgrund der enormen Energien, die in Genf am Teilchenbeschleuniger LHC – Large Hadron Collider – zur Anwendung
kommen.) Zwischen 1966 und 1972 haben Astronauten im Rahmen der Apollo-Missionen insgesamt 381 Kilogramm Gestein
vom Mond mitgebracht, die von Instituten in der ganzen Welt
untersucht wurden. In den Proben fanden sich auf der Erde bis
dahin unbekannte Mineralien wie Pyroxenoid, Pyroxferroit,
Tranquilityit und Armalcolit. Die beiden Letzteren wurden nach
dem Landeplatz der Fähre beziehungsweise der Besatzung der
Apollo 11, Neil Armstrong, Edwin Aldrin und Michael Collins,
benannt. Außerdem finden sich auf der Oberfläche der Gesteins-
proben winzige Einschlagskrater, die von den Einschlägen ebenso
winziger Meteoriten stammen, die die Mondoberfläche permanent bombardieren. Solche winzigen Meteoriten können aber
nicht vom Weltall auf die Erde gelangen, da können sie sich bemühen, wie sie wollen, sie würden davor in der Atmosphäre ver-
dampfen.

Die Zweifel an der Mondlandung halten sich aus denselben
Gründen so hartnäckig, aus denen Menschen wirkungslose
Kügelchen für Medikamente halten oder religiöse Heilslehren
so erfolgreich sind. Weil Menschen gerne glauben, was sie glauben wollen, und sich unter anderem deshalb immer wieder
genug Einfaltspinsel finden, die sich jeden Schmarren einreden
lassen.

Eine erstaunliche Auswirkung des Mondes auf die Erde haben
wir Ihnen allerdings bisher unterschlagen. Der Mond kann Teilchenbeschleuniger außer Gefecht setzen. Und zwar selbst die ganz
großen! Das wissen die Collider dieser Erde und fürchten sich jedes Mal vor dem Vollmond. Glauben Sie nicht?
Machen wir wieder einen Test.
Wer glaubt, dass der Mond einen Teilchenbeschleuniger be-
siegen kann, hebt bitte jetzt die Hand.
Mhm.

Und wer glaubt, dass Teilchenbeschleuniger nur eine Erfindung der Physiker sind, die sich darauf verlassen können, dass ihnen nie wer draufkommt, weil sich mit Hochenergiephysik ohnedies niemand auskennt, hebt bitte jetzt die Hand.

Oha. Das ist die Mehrheit.

Aber es stimmt. Der Mond beeinflusst auch Teilchenbeschleuniger. Die feste Erdoberfläche wird ebenfalls durch den Mond verformt, was sich in einer Vertikalbewegung von 20 bis 30 Zentimetern auswirkt. Sonne und Mond erzeugen nicht nur Ebbe und Flut, sondern deformieren die Erde derart, dass sich etwa die Länge des LHC-Beschleunigerrings ändert – des Large Hadron Colliders in Genf, der so teuer war und so lange nicht funktioniert hat. Angeblich unter anderem deshalb, weil eine Eule Baguette auf eine Stromleitung geworfen hatte.[44] Da möchte ich gar nicht wissen, was los ist, wenn sich ein Fuchs etwas einfallen lässt.

Die Sensitivität der Teilchenenergie auf äußere Effekte wie die Anziehungskraft des Mondes ist so groß, dass kleinste Effekte wahrgenommen werden können. Bei Vollmond beträgt die Längenänderung des Rings etwa einen Viertelmillimeter. Wenn man das nicht berücksichtigt, schießen die Teilchen aus der Umlaufbahn hinaus und machen den Ring kaputt. Und dann können die Schwarzen Minilöcher aus dem Beschleuniger entkommen und die Welt geht unter.

Wer das glaubt, hebt jetzt die …

Martin Puntigam wird erkannt

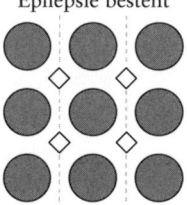

Epilepsie besteht

---

44 CERN-News: LHC „bird-bread" strike, http://user.web.cern.ch/user/news/2009/091106b.html, Zugriff am 4.6.2010

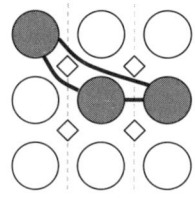

Kapitel 8: Tod

Im Frühjahr 2008 war die Aufregung plötzlich groß. Der Weltuntergang stand vor der Tür, und ausgerechnet in der für ihre Friedensliebe bekannten Schweiz sollte er seinen Ausgang nehmen. Der Teilchenbeschleuniger LHC in Genf war endlich fertig und sollte nach seiner Inbetriebnahme allmählich Schwarze Minilöcher produzieren. Natürlich nicht als Hauptzweck, sondern als unerwünschtes Nebenprodukt. Gebaut wurde der LHC, um unter Einsatz von enormer Energie Elementarteilchen aufeinanderprallen zu lassen. Für den Betrieb des LHC wird eigens ein Kernkraftwerk unterhalten.

Zwischen dem Genfer See und dem Jura-Gebirge werden in einem ringförmigen, unterirdischen Tunnel mit 27 Kilometer Länge Protonen beinahe auf Lichtgeschwindigkeit beschleunigt und an bestimmten Stellen so abgelenkt, dass sie mit vollem Karacho zusammenstoßen, im Einzelnen mit der Energie zweier ICE-Züge, die man mit 140 km/h frontal zusammenfahren lässt. Hochenergiephysik spielt Unfall. Und warum? Durch den Zusammenprall entstehen neue Teilchen, und die Energie ist dabei so hoch, dass Hoffnung besteht, es würde dabei unter anderem auch das sogenannte Higgs-Teilchen[45] sichtbar werden (kindische Physiker nennen es auch das Gott-Teilchen). Weshalb will man es finden? Weil das Higgs-Teilchen erklären soll, warum wir alle überhaupt Masse besitzen, wir Menschen,

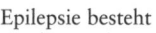

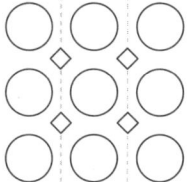

---

45 Benannt nach dem britischen Physiker Peter Higgs

193

aber auch das Universum als solches. Das ist nämlich noch ungeklärt. Wenn wir zu viel essen, dann nehmen wir zwar zu, aber woher die Masse eigentlich kommt und welche Teilchen sie tragen, weiß niemand.

Und auf der Suche nach dem Higgs-Teilchen, fürchten Kritiker des LHC, könnten auch Schwarze Minilöcher entstehen. Natürlich ist ein Miniloch nicht noch kleiner als ein normales Schwarzes Loch. Schon ein Schwarzes Loch hat keine Ausdehnung, *mini* bezieht sich auf die Masse. Schwarze Minilöcher sind am Anfang also ganz leicht und putzig. Die langsameren unter ihnen sollten von der Schwerkraft der Erde zum Erdmittelpunkt gezogen werden, sich dort gewerkschaftlich organisieren, also immer größer und mächtiger werden und schließlich die ganze Welt mit Haut und Haar in sich einsaugen. Alles, was dann von der Erde noch bliebe, wäre ein Schwarzes Loch von der Größe einer Mozartkugel, mit der Masse der gesamten Erde samt Bevölkerung. Natürlich würden die Grundstückspreise explodieren, während das Telefonieren eventuell noch billiger werden könnte. Den Mond würde das übrigens nicht weiter kümmern, er würde im selben Abstand zur Erde seine Runden ziehen. Ob der Preis für Mondholz zu halten wäre, ist ungewiss.

Tatsächlich ist die Wahrscheinlichkeit, dass am LHC solche Minilöcher entstehen, die die Erde schrumpfen, äußerst gering. Außerdem wird der erwartete Zeithorizont für dieses Szenario mit fünf Milliarden Jahren angegeben. Bis dorthin wäre auch die Sonne auf ihrem Weg zum Roten Riesen so weit aufgebläht, dass das Leben auf der Erde ohnedies bereits sehr ungemütlich wäre. Ob wir dann also von der Sonne gegart oder von einem Schwarzen Loch spaghettifiziert würden, könnte uns egal sein. Wir könnten beides nicht verhindern. Selbst dann nicht, wenn wir in der Lage wären, unsere Lebenserwartung bis zu diesem Zeitpunkt auf fünf Milliarden Jahre hinaufzuschrauben.

Wahrscheinlich müssen wir aber nicht so lange warten. Ein ganzes Arsenal an Katastrophen, persönlichen und globalen,

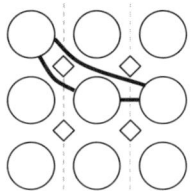

steht Gewehr bei Fuß, um dem Leben auf der Erde, vereinzelt oder im Großen und Ganzen, den Garaus zu machen.

Beginnen wir im Weltall. Damit zuerst einmal die anderen schuld sind und wir die Opfer, das ist bei uns in Österreich seit über 60 Jahren so üblich, damit sind wir schließlich immer gut gefahren.

Martin Puntigam
wird erkannt

Eine der spektakulärsten Möglichkeiten, ein Special FX, wo auch die restliche Milchstraße etwas davon hätte, wäre eine Hypernova in der Nähe der Erde. Auf der Erde ist der Schritt vom Megamarkt zum Gigamarkt längst vollzogen, und auch im Weltall gibt es neben der Supernova noch die Hypernova. Hypernovae sind um einiges gefährlicher als Supernovae.

Wenn sehr massereiche Sterne am Ende ihres Lebens kollabieren, kommt es zu einer gigantischen Sternenexplosion und der Stern verwandelt sich direkt in ein Schwarzes Loch. Das ist zwar ein beeindruckendes Naturschauspiel, aber für die Umgebung ziemlich unangenehm. Denn gleichzeitig mit dem Kollaps werden an den Polen des sterbenden Sterns zwei sehr energiereiche Teilchenschauer ausgesandt, praktisch mit Lichtgeschwindigkeit.

Diese Schauer, auch Jets genannt, senden starke Gammastrahlung aus, möglicherweise das, was man Gammablitze nennt. Die Explosion einer Hypernova zuzüglich Gammablitz gilt als gewalttätigstes Phänomen in unserem Universum. Innerhalb einer Sekunde wird so viel Energie frei, wie die Sonne in ihrem ganzen Leben aussendet, also in zehn Milliarden Jahren.

Ein 1000 Lichtjahre von der Erde entfernter Gammablitz, der in unsere Richtung zeigt, würde uns in einer gigantische Menge von Röntgen- und Gamma-

Epilepsie besteht

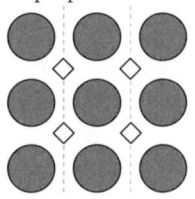

195

strahlung baden. Zwar erst in 1000 Jahren, dann wäre aber ganz schön was los. Die wirklich ultraschnellen oder ultrahochenergetischen winzigen Teilchen der kosmischen Strahlung haben dann die gleiche Bewegungsenergie wie ein Golfball beim Abschlag. Das sind die höchsten Energien, die jemals im Universum von uns gemessen wurden. Sie sind noch zehn Millionen Mal höher als die Energien, die beim größten Beschleuniger der Welt, dem Large Hadron Collider am CERN, erreicht werden können. Ob dabei dann Schwarze Minilöcher entstünden oder nicht, wäre für die Erde völlig gleichgültig. Die Atmosphäre auf der dem Blitz einer Hypernova zugewandten Seite würde entzündet, alle Wälder würden in Flammen aufgehen, die Seen verkochen und die Erdoberfläche sofort sterilisiert werden. Aber auch auf der abgewandten Seite bliebe fürs Zungezeigen aus Schadenfreude keine Zeit. Eine gewaltige Druckwelle würde alles niederwalzen und die meisten, vor allem die größeren Lebewesen würden gebraten. Es wäre dann aber kaum jemand da, um dieses Festbankett zu vertilgen, und die Evolution müsste wieder von vorne beginnen, wie schon so oft. Man nennt Gammablitze auch den Geburtsschrei eines Schwarzen Lochs. Eine andere Deutung spricht von einem Lustschrei, nachdem das Schwarze Loch seinen eigenen Mutterstern aufgefressen hat.

Aber nicht immer ist ein Sternentod verantwortlich für diese energiereichen Jets. Auch Kannibalismus kann eine Ursache sein. Eine besonders große und besonders verfressene Galaxie ist Centaurus A. Sie ist eine elliptische Galaxie mit einer Billion Sonnenmassen in 14 Millionen Lichtjahren Entfernung von uns. Im Zentrum dieser Galaxie befindet sich ein supermassereiches Schwarzes Loch mit 200 Millionen Sonnenmassen, und in dieses Schwarze Loch fallen gigantische Mengen von Gas und Staub. Eigentlich dürfte es bei einer elliptischen Galaxie aber fast kein Gas und keinen Staub mehr zwischen den Sternen geben, weil diese in solchen Galaxien bereits für die Entstehung von Sternen verbraucht wurden. Woher stammt also dieses Material? Die Antwort lautet, die Kannibalengalaxie Centaurus A macht Brotzeit und auf dem Speiseplan steht eine Spiralgalaxie, die sich zu sehr in ihre Nähe gewagt hat. Die Materie der Spiralgalaxie strömt dabei in einer rotierenden Scheibe auch auf das Zentrum von Centaurus A zu, in dem sich möglicherweise ein Schwarzes Loch befindet. Auch dabei werden sogenannte Jets ausgesandt. Bildlich gesprochen überfrisst sich das Schwarze Loch und speit an den Polen einen Teil der Materie als ionisierte Teilchen mit fast Lichtgeschwindigkeit wieder aus. Wie die Beschleunigung auf derart große Geschwindigkeiten erfolgen kann, ist noch ein Rätsel. Der Effekt kommt wahrscheinlich durch bewegte magnetische Felder zustande, die durch die Rotation vom gigantischen Schwarzen Loch mitgeschleppt werden. In dem Fall wären die Jets kein Lust- oder Geburtsschrei, sondern ein mächtiges, galaktisches Bäuerchen. Und es wäre keine gute Idee, eine Kannibalengalaxie auf die Schulter zu nehmen und ihr auf den Rücken zu klopfen, damit sie nach der Mahlzeit leichter aufstoßen kann.

Fürchten brauchen wir uns vor Centaurus A zwar nicht, aber die Teilchen der Jets erreichen die Erde sehr wohl, prallen auf die Atome der Lufthülle auf und lösen dabei einen ganzen Schauer von weiteren Teilchen aus. Diese Teilchenschauer registriert das Pierre-Auger-Observatorium in Südamerika mit 1600 speziellen Teilchendetektoren, die jeweils 1,5 Kilometer voneinander entfernt auf einem insgesamt 3000 Quadratkilometer großen Gebiet verteilt sind. Die Gewaltrülpser des Schwarzen Lochs in Centaurus A erreichen also tatsächlich noch unsere Erde und wir können ihre Auswirkungen beobachten.

197

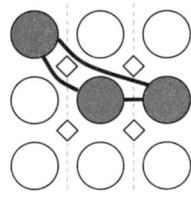

Martin Puntigam
wird erkannt

Epilepsie besteht

Sternbild Centaurus und Galaxie Centaurus A
Sternbilder sind Gruppen von Sternen, die am Himmel ein auffälliges Bild ergeben. Aus Sicht der Astronomie haben Sternbilder keinerlei Begründung, das heißt, es gibt keinen rationalen Grund, warum Sterne zu Sternbildern zusammengefasst werden, sie entspringen lediglich der Fantasie der Menschen. Manche tragen den Namen eines Gegenstandes, manche von Tieren oder von sagenhaften Personen. Diese Namen – zumeist kulturhistorische Bezeichnungen – verweisen bereits auf den Ursprung der Sternbilder. Auch gehören Sterne, die zu einem Sternbild zusammengefasst wurden, nicht zusammen, weil die einzelnen Sterne ja weit hintereinander stehen.

Die Internationale Astronomische Union (IAU) hat einen Katalog mit allen anerkannten Sternbildern erstellt. So entstand eine Liste von insgesamt 88 Sternbildern, die seit der Festlegung offiziell als Sternbilder gelten. Ein Beispiel ist das Sternbild Zentaur (lateinisch Centaurus) mit insgesamt sieben Sternen, das nach dem Pferdemenschen in der griechischen Mythologie benannt ist. Centaurus A hingegen ist die Bezeichnung einer Galaxie, also einer Ansammlung von Sternen im Sternbild Centaurus. Diese Galaxie ist insofern außergewöhnlich, als sie die uns nächstgelegene gigantische Galaxie mit einer Billion Sonnenmassen ist und im Zentrum ein riesiges Schwarzes Loch mit 200 Millionen Sonnenmassen aufweist.

14 Millionen Lichtjahre ist allerdings weit genug entfernt, dass uns Centaurus A nicht wirklich gefährlich werden kann. Unangenehmer wäre es, wenn der Asteroid 2004 MN4 aka Apophis sich zu einer Stippvisite entschlösse. Offenbar versteht Apophis Spaß, denn sein erster Besuch ist für Freitag, den 13. April 2029 angesagt. Da wird er aber vermutlich in einer Entfernung von circa

30.000 Kilometern an der Erde vorbeiziehen. Wenn das Wetter passt, wird man ihn bei uns in Europa mit freiem Auge in der Abenddämmerung am Himmel beobachten können. Aber das ist nur ein Appetizer. Am 13. April 2036 kommt Apophis noch einmal vorbei. Und wie seine Flugbahn dann genau aussehen wird, weiß heute noch niemand, aber vielleicht hält er dann Kurs auf die Erde. Es gilt die Unschuldsvermutung.

Was würde passieren, wenn er auf der Erde einschlüge? Ein möglicher Einschlag würde eine Energie von rund 1500 Millionen Tonnen TNT freisetzen. Das entspricht etwa 30-mal der Energie der größten jemals gezündeten Wasserstoffbombe. Also etwa halb so viel wie bei einer Himmelfahrt mithilfe von Antimaterie. Weil Apophis mit einem Durchmesser von 270 Metern allerdings relativ klein ist, hätte sein Impakt zwar lokal starke Wirkung, aber nicht global. Würde er auf dem Festland, etwa in Wien einschlagen, hätte Niederösterreich einen neuen Badesee auf dem Gebiet der ehemaligen Kaiserstadt. Es bestünde keine Lebensgefahr für die gesamte Menschheit, aber regional wären die Verwüstungen enorm. Deshalb arbeiten NASA (National Aeronautics and Space Administration) und ESA (European Space Agency) an verschiedenen Möglichkeiten, einen Einschlag zu verhindern. Bei kleinen Asteroiden kann man versuchen, eine Sonde lange Zeit nebenher fliegen zu lassen und den Asteroiden mithilfe der Gravitation von seiner Flugbahn abzubringen („Gravity tractor").[46] Quasi durch gut zureden. Bei größeren Asteroiden könnte man es handfester probieren und eine Rakete direkt auf den Himmelskörper schießen, um ihn dadurch auf eine andere Flugbahn zu lenken. Also erst schimpfen, Taschengeld streichen und Fernsehverbot, und wenn er trotzdem nicht spurt, eine auflegen, damit er weiß, warum er weint. Bleibt abzuwarten, ob sich diejeni-

---

46 Edward T. Lu & Stanley G. Love: Gravitational tractor for towing asteroids, Nature 438 (2005), http://www.nature.com/nature/journal/v438/n7065/abs/438177a.html

gen durchsetzen, die meinen, dass eine gesunde Ohrfeige sicher noch keinem Asteroiden geschadet hat.

Neuerdings gibt es noch eine ganz andere Idee, um aufsässige Himmelskörper zu einem Kurswechsel zu bewegen, nämlich Spiegel-Bienen. Das klingt nach einem Euphemismus aus dem Rotlichtmilieu, ist aber ein High-End-Projekt.

Unter Spiegel-Bienen (engl. Mirror Bees) versteht man etwa 500 Kilogramm schwere Satelliten, ausgestattet mit einem Spiegel, circa zwei Meter im Durchmesser, die man ins All, in die Nähe eines Asteroiden wie Apophis, bringen würde. Und zwar ungefähr 1000 Stück davon. Mit den Spiegeln müsste man dann das Sonnenlicht so bündeln, dass es den Asteroiden genau an einem Punkt aufheizt. Ein bisschen so wie bei dem Lausbubenstreich, bei dem man im Sommer jemandem mit einer Lupe die Haut aufbrennt. Durch das Aufheizen würde der Asteroid sich an dem Punkt erwärmen und Gase abdampfen. Und aufgrund des 3. Newton'schen Gesetzes, das wir schon von Sex in Space kennen, aufgrund von *actio est reactio* also, würde sich der Asteroid mit derselben Kraft, mit der er die Gase ausströmt, von diesen wegbewegen. Er würde im wahrsten Sinne des Wortes abdampfen.

Diese Konzepte, einen Asteroiden oder gar Meteoriten vom Landen auf der Erde abzuhalten, haben einen entscheidenden Nachteil: Kein Mensch kann sagen, ob sie tatsächlich funktionieren, sie wurden noch nie ausprobiert. Wenn Apophis im Vorbeifliegen zwar anerkennend nicken, aber trotzdem im Meer einschlagen würde, könnte er einen Tsunami auslösen, doppelt so hoch wie der katastrophale Tsunami in Südostasien 2004.

Warum sind Tsunamis eigentlich so gefährlich? Immer wenn etwas sehr gefährlich ist, ist sehr wahrscheinlich hohe Energie im Spiel. Beim Tsunami verhält es sich nicht anders. Wenn bei einem Erdrutsch oder Erdbeben ein Teil des Bodens gehoben wird, wird sehr viel Energie frei. Wasser ist aber nicht komprimierbar, das heißt, der Druck weicht nach allen Seiten aus, und so kann ein

Tsunami entstehen, eine Wasserwelle zwischen Meeresboden und Wasseroberfläche, die senkrecht schwingt. Das machen nicht alle Wellen. Normalerweise wird nur die Oberfläche des Meers in Bewegung gebracht – Wasserwellen. Bei einem Tsunami wird aber die gesamte Wassersäule vom Meeresboden bis zur Oberfläche zum Schwingen gebracht. Im Meer hebt sich der Meeresspiegel nicht dramatisch. Aber je näher er ans Ufer kommt, desto weniger Platz gibt es für das Wasser, deshalb wird der Tsunami immer höher.

Wenn der Tsunami auf Land trifft, baut sich daher keine Wasserwand auf, sondern es steigt der Wasserspiegel, und zwar rasant, mit rund 30 km/h. Die gesamte Energie des Tsunamis wird an Land in Reibungsenergie umgewandelt, das Wasser drängt so lange ins Land hinein, bis die Energie umgewandelt ist. Man kann sich das ungefähr so vorstellen, wie wenn auf einem Faschingsball eine Partyschlange durch den Saal läuft, und wenn die Schlange den Saal verlässt, sieht der Erste plötzlich, dass im Foyer einer hingespieben hat und Glasscherben am Boden liegen, und will bremsen, aber von hinten kommt laufend Energie nach, so lange, bis niemand mehr anschiebt. Also, der Boden im Foyer ist dann auf jeden Fall sauber, aber der Preis für den Ersten in der Schlange, der die gesamte Energieentladung über sich ergehen lassen müssen hat, ist entsprechend hoch.

All diese Naturkatastrophen haben eines gemeinsam, der Mensch kann nicht viel dagegen tun. Wenn sie passieren und man ist nicht weit genug weg davon, kann man sich je nach Gemütslage seinem Schöpfer empfehlen oder sich zwanglos wieder in den Kohlenstoffkreislauf eingliedern. Das galt früher auch für Epidemien wie die Pest und heute, wenn auch eingeschränkt, für Seuchen wie AIDS. AIDS ist gegenwärtig, vor allem aus politischen und wirtschaftlichen Gründen, in vielen Teilen der Erde ein Todesurteil. Vor der Pest fürchtet sich heute niemand mehr, obwohl die Pest vor Jahrhunderten einmal ein Big Player war. Was ist passiert?

Die große Pest-Pandemie von 1347 bis 1353 forderte in Europa 25 Millionen Todesopfer, das war etwa ein Drittel der damaligen Bevölkerung. Ausgelöst wird die Erkrankung durch das Bakterium Yersinia pestis, das sich gerne mit dem Rattenfloh fortbewegt. Das ging lange Zeit gut, bis Sir Alexander Fleming im Sommer 1928 eilig auf Urlaub fuhr und davor sein Labor nicht mehr ordentlich zusammenräumen konnte. Nach der Rückkehr entdeckte er, dass in eine Petrischale mit Staphylokokken-Kulturen, mit denen er aktuell arbeitete, Schimmelpilze geraten waren, die den Bakterien das Leben mehr als nur schwer gemacht haben. Der Schimmelpilz gehört zur Gattung Penicillium, die eine keimtötende Wirkung hat. Der Rest ist Geschichte, weshalb wir uns heute vor bakteriellen Infektionen wie der Pest nicht mehr zu fürchten brauchen und eine Lungenentzündung nicht mehr bedeutet, dass man schnell sein Testament verfassen sollte.

So verheerend die Pest damals in Europa gewütet hat, so sehr ist sie indirekt für den heutigen Wohlstand mitverantwortlich. Durch den gewaltigen Bevölkerungseinbruch im 14. Jahrhundert kam es zu einer grundlegenden Umstrukturierung der Gesellschaft, was langfristig positive Folgen hatte. Durch die Entvölkerung konnte sich der Wald in den Gegenden erholen, in denen zuvor durch Landnahme massiv gerodet worden war, durch Menschen-, also Arbeitskräftemangel mussten die Zünfte auch Mitglieder zulassen, die davor unstandesgemäß gewesen waren, durch gestiegene Löhne in den Städten wurde die urbane Entwicklung beschleunigt, der Lebensstandard stieg allgemein an, und letztlich wurde in England als erstem Land die Leibeigenschaft aufgehoben. Die Kirche war nach der Epidemie zwar reicher, weil sie viel geerbt hatte, aber durch die Hilflosigkeit der Seuche gegenüber nicht mehr so unanfechtbar wie davor, und zudem bewirkten die gestiegenen Kosten für Arbeit eine Mechanisierung, also das, was man heute einen Innovationsschub nennen würde. Wenn sich heute in einem modernen Staat niemand mehr vor einem Gottesurteil fürchten muss, wenn er nicht will, so ist das indirekt genauso der Pest zu verdanken, wie wenn sich einer Ihrer Arbeitskollegen heute aufs Smartphone eine Applikation herunterlädt, die elektronisch ein Furzkissen simuliert.

Und eine Furzkissenapplikation ist noch harmlos im Vergleich zu dem, was man mit einem Mobiltelefon noch alles machen kann. Beispielsweise eine Kofferbombe fernzünden. Womit wir – Sie haben es erraten – beim Menschen angelangt sind und seiner bemerkenswerten Fähigkeit, die Welt und seine Mitmenschen mit Gewalt zu überziehen.

Warum die Menschheit so gewalttätig ist, ist bis heute nicht ganz geklärt.

So wie es aussieht, gibt es auch keine einzelne Ursache, warum manche Menschen gewalttätig werden. Psychologen haben festgestellt, dass bei männlichen Jugendlichen im Alter zwischen dem 13. und 15. Lebensjahr antisoziales Verhalten durchaus normal ist. Das gehört so, man nennt es Pubertät und damit müssen vor allem die Eltern leben oder schwächere Schulkollegen und normalerweise sollte sich das spätestens bis zur Volljährigkeit wieder legen. Erwachsene Gewalttäter beginnen damit schon mit dem fünften Lebensjahr. Auffällig werden vor allem die Buben, weil sie zu körperlicher Gewalt neigen, was man gut sehen kann. Interessanterweise sind auch die Mädchen nicht zu unterschätzen, sie bevorzugen aber eher eine psychologische Kriegsführung. Dabei sind sie dann mitunter unerbittlich, was allerdings als juristischer Tatbestand nur schwer zu fassen ist. Man kann sagen, Mädchen sind besser geeignet für Mobbing.

Der Begriff *Mobbing* stammt übrigens aus dem Tierreich, aus der Vogelkunde, und heißt auf Deutsch *hassen*. Mobbing ist, wenn kleinere Vögel einen Fressfeind entdecken, etwa Spatzen einen Bussard, der die kleineren Vögel angreifen will, diese aber gemeinsam versuchen, den Bussard durch Alarmschreie und Scheinattacken fertigzumachen, sodass er die Jagd aufgibt. Möwen erbrechen in so einem Fall oft auch noch ihren Mageninhalt aufs

Mobbingopfer. Beim Menschen heißt das dann allerdings nicht mehr Mobbing, sondern Betriebsausflug oder Weihnachtsfeier.

Man hat festgestellt, dass Gewalttäter ab dem fünften Lebensjahr mehrere Attribute zeigen: niedrige Frustrationsschwelle, Defizite beim Erlernen sozialer Regeln, extrem impulsives Verhalten, mangelnde Intelligenz, Aufmerksamkeitsdefizite. Kurz gesagt, die Kontrolle über das eigene Verhalten ist ausgeschaltet. In zahlreichen Tests konnte man zudem feststellen, dass meist auch eine Schädigung des Frontalhirns vorliegt. Das Frontalhirn ist der Bereich im Gehirn, wo bewusste Entscheidungen getroffen werden, etwa die, nicht zuzuschlagen. Das deckt sich mit der Theorie, nach der sich Patienten mit Schädigung des Frontallappens enthemmt zeigen und unangemessen und impulsiv reagieren. Allerdings sind sie in der Regel nicht gewalttätig.

Eine interessante Unterscheidung trennt übrigens *erfolglose* Psychopathen von *erfolgreichen*. Erfolglose Psychopathen hatten keine intakte Impulskontrolle, ihre Straftat war nicht überlegt und sie wurden erwischt. Bei erfolgreichen Psychopathen, die Straftaten begingen, aber nicht entdeckt wurden – und die sich etwa bei Befragungen zu einer Studie über ihre Taten äußerten –, stellte man keine Schädigungen fest. Aber bei beiden fand man eine Störung der Mutter-Kind-Beziehung, oftmals Missbrauch und Misshandlungen während der Kindheit, Vernachlässigung und auch Armut. Das bedeutet, dass Gewalt, ähnlich wie der Glaube, nicht angeboren sein dürfte, sondern ein soziales Phänomen.

Unter anderem seine Aggression hat den Menschen dorthin gebracht, wo er heute steht, nämlich an der Spitze der Nahrungskette, aber sie könnte ihm auch zum Verhängnis werden. Laut der sogenannten Ungeziefertheorie sind wir nämlich unsere eigenen Totengräber. Die Theorie besagt, dass eine technische Zivilisation auf irgendeinem Planeten, die zu aggressiv wird, sich durch einen nuklearen Krieg selbst auslöscht oder zumindest entscheidend zurückgeworfen wird. Und auf dem Gebiet sind wir ordentlich aufmunitioniert. Allein mit den bereits hergestellten Nuklearwaffen könnte im Schnitt jeder Mensch siebenmal getötet werden. Wenn Sie jemanden kennen, der darauf verzichtet, können Sie 14-mal, wenn Sie 52 Menschen zum Verzicht bewegen, sogar ein ganzes Jahr lang jeden Tag einmal getötet werden. Statistisch betrachtet. Aber wie verhält man sich tatsächlich, sollte man einmal in die missliche Lage kommen, in der Nähe einer Kernwaffenexplosion Urlaub oder eine Dienstreise zu machen?

Nicht wirklich zur Beruhigung, aber doch zur Entlastung: Sollten Sie sich in unmittelbarer Nähe einer Atombombendetonation befinden, werden Sie aller Voraussicht nach nicht sehr viel mitbekommen. Der menschliche Körper verdampft einfach und umgehend. Wenn Sie nahe genug am Geschehen sind, können Sie nicht einmal mehr denken: Ui, Scheiße, ich verdampfe gleich. Bei der Explosion entsteht ein greller Lichtblitz und ein paar Sekunden später breitet sich eine gigantische Druckwelle aus. Deshalb ist es wichtig, in Deckung zu gehen und nicht in Richtung der vermeintlichen Explosion zu blicken. Das Problem besteht darin, dass man eine Atombombenexplosion erst durch den extrem grellen Lichtblitz wahrnimmt. Wahrscheinlich ist man dann schon stark geblendet und weiß trotzdem nicht, was man da gerade beobachtet hat, eine Kernwaffenexplosion ist ja keine Routineangelegenheit. Wenn man den Ernst der Lage doch erkannt hat, sollte man sich mindestens zwei Minuten in Deckung begeben. Befinden Sie sich in einem Raum, gehen Sie sofort an der der Explosion zugewandten Wand in Deckung. Wenn ein Fenster im Raum ist, unter diesem, denn durch die Druckwelle werden die Fenster zerbersten und die Glassplitter können schwere Verletzungen verursachen. Dann wechseln Sie die Seite, denn die Druckwelle hinterlässt einen Unterdruck und nach ihrer Ausbreitung wird die Luft wieder in das Explosionszentrum hineingesaugt. Das heißt, das Ganze noch einmal, aber in entgegengesetzter Richtung. Wer nach der ersten Druckwelle aufsteht und vor lauter Überlebensfreude und Übermut der Bombe den gestreckten Mittelfinger zeigt, wird das vermutlich sehr bereuen.

Danach betreten Sie nach Möglichkeit einen geschlossenen Raum und achten Sie bitte darauf, dass Sie keinen Staub in den Raum hineintragen. Am besten ist es, sich von der Kleidung zu befreien, sofort zu duschen und den gesamten Staub abzuwaschen. Und Fingernägel putzen nicht vergessen, sonst könnte Fingernägelbeißen wirklich einmal schädlich sein. Die größte Gefahr geht nämlich nicht von der bei der Explosion frei werdenden Strahlung aus, gegen diese Strahlung kann man sich nur durch massive Bunker beziehungsweise durch eine ausreichend große Entfernung schützen. Die größere Gefahr geht vom radioaktiven Staub aus. Diesen Staub atmen wir ein oder nehmen ihn über die Nahrung auf. Elemente wie zum Beispiel Jod werden dann in den Körper eingebaut. Dieses radioaktive Jod kann dann direkt durch den radioaktiven Zerfall im Körper einzelne Zellen zerstören. So können Verbrennungen im Inneren des Körpers entstehen. In weiterer Folge entsteht Krebs. Deshalb sollte man auch bei Unfällen mit Kernreaktoren Jodtabletten nehmen. Dadurch bekommt der Körper mehr als notwendig Jod, das nicht verstrahlt ist, und baut in der Folge das radioaktive Jod nicht mehr ein.

Den Raum, in dem man Schutz gefunden hat, sollte man ein paar Stunden lang nicht verlassen. Dann, sobald sich der Staub gelegt hat, sollte man schauen, aus dem verseuchten Bereich fortzukommen. Wenn vorhanden, eine Schutzmaske gegen den Staub nicht vergessen, und am besten Regenschutzkleidung anziehen. Dadurch kann weniger Staub zum Körper gelangen. Wenn Sie ein schnelles Auto in der Garage stehen haben, lassen Sie es dort stehen, es wird sehr wahrscheinlich nicht funktionieren, Elektronik wird bei einer Atombombenexplosion durch einen elektromagnetischen Puls zerstört. Mit einem Fahrrad ist man wahrscheinlich am besten bedient, auch wenn man die Landschaft und die frische Luft in so einem Moment vermutlich nicht wirklich genießen kann. Treten Sie in die Pedale und hoffen Sie auf Regen. Der wäscht den Staub aus der Luft, dann ist das Leben nicht mehr ganz so lebensgefährlich.

Generell scheint der Mensch, auch ohne Zugang zu Kernwaffen, zu nahezu jeder Gewalttat bereit zu sein. Und wenn er gerade niemanden anderen tötet, dann bringt er sich oft selbst um. Nach einer Meldung der EU-Kommission aus dem Jahr 2005 verüben im EU-Raum jährlich 58.000 Menschen Suizid. Durch Selbstmord sterben laut Statistik zehnmal so viele Menschen wie an Gewaltverbrechen.[47] Als Freitod sollte man eine Selbsttötung allerdings nicht bezeichnen, denn der Begriff *Freitod* setzt den freien Willen als Möglichkeit der Selbstbestimmung des Menschen voraus, und das wird in der Psychiatrie in diesem Zusammenhang abgelehnt. Menschen, die ernsthaft vorhaben, sich umzubringen, gelten in ihrer Entscheidungsfähigkeit als stark eingeschränkt. Männer bringen sich deutlich öfter um als Frauen. Die Erfolgsquote liegt bei Männern zwischen 30 und 40 Jahren angeblich unter anderem deshalb um so viel höher, weil ein Selbstmord in ihrem Fall zumeist kein Hilferuf ist, sondern weil sie wirklich vorhaben zu sterben und sich sehr gewissenhaft und erfolgreich mit der Durchführung der Selbsttötung beschäftigen. Bis zum 40. Lebensjahr ist Depression diesbezüglich die Todesursache Nummer eins.

Werner Gruber hat sich als Neurophysiker jahrelang mit der Krankheit Depression beschäftigt. In seinem Büro hat er dazu Teile des menschlichen Gehirns simuliert. Gut, das machen viele im Büro, aber er hat, wie einige seiner Kollegen auch, Depression als Computermodell simuliert. Quasi ein depressives Computerprogramm programmiert. Fragt man sich, wer so was braucht, und ob es Freeware ist oder Shareware. Tatsächlich sind solche Computersimulationen aber sehr vorteilhaft, nicht nur, weil die Ethikkommission aus guten Gründen verbietet, Menschen zu Versuchszwecken die Schädeldecke abzuheben, zu schauen, was das Gehirn so macht, und dann die Schädeldecke wieder zu schließen.

---

47 http://de.wikipedia.org/wiki/Selbstmord#Statistik, Zugriff am 1.6.2010

Wie kann man sich den Alltag des Neurophysikers Werner Gruber und seines depressiven Computerprogramms vorstellen? Denkt sich das Programm in der Früh, wenn Werner Gruber ins Büro kommt: Pff, schon wieder der Dicke, muss ich schon wieder hochfahren? Nein. Denn Depression hat nichts mit schlechter Laune zu tun. Wenn man schlecht aufgelegt ist, ist man schlecht aufgelegt. Depression hat mit der Unfähigkeit zu tun, Entscheidungen zu treffen. Schon das Bett in der Früh zu verlassen, kann bei einer starken Depression eine unlösbare Aufgabe darstellen. Und die Arbeit des Neurowissenschaftlers ist deshalb auch nicht zu Ende, wenn sich das Computerprogramm aufhängt, sondern erst wenn alle Rätsel rund um die Krankheit Depression gelöst sind. Und da schaut es mittlerweile erfreulicherweise nicht schlecht aus.

Depression
Plutarch hat das Krankheitsbild der Depression als Erster beschrieben. Es ist gekennzeichnet durch:

- Gefühl der Niedergeschlagenheit (bei Tod eines Verwandten, räumlicher Trennung von einer geliebten Person …)
- Empfindliche Störung der Selbstachtung (Arbeitslosigkeit, Sitzenbleiben in der Schule …)
- Verlust des Interesses an sozialen Kontakten und alltäglichen Dingen

Meist entwickelt sich eine Depression aus einer depressiven Verstimmung. Tritt ein einschneidendes Ereignis auf, kann dies zu einer depressiven Verstimmung führen, die sich wiederum zu einer ausgewachsenen Depression entwickeln kann. Möglich ist aber auch, dass eine Depression von einem Moment zum anderen auftritt – meist über Nacht. Wie unterscheidet man aber zwischen einer depressiven Verstimmung und einer Depression? Beides ist gleich schwer, allerdings dauert eine depressive Verstimmung rund drei Monate, während Depressionen bedeutend länger dauern können.

Aktuell leidet rund ein Prozent der Bevölkerung an einer Depression, rund zehn bis 20 Prozent der Bevölkerung hatten mindestens einmal in ihrem Leben eine Depression. Sie ist damit eine der häufigsten psychischen Erkrankungen. Rund die Hälfte aller Patienten und Patientinnen erleidet einen einmaligen Schub, der im Durchschnitt fünf Monate dauert. Schübe mit mehr als einem Jahr sind eher selten.

Es gibt Fälle, bei denen die Depression für ein paar Wochen auftritt, man spricht dann von einem Schub, dann über Nacht für ein paar Tage oder auch Wochen verschwindet, um dann erneut aufzutreten. Die Depression tritt phasenweise auf. In den nicht depressiven Phasen kann der Patient einerseits normal sein, andererseits kann es auch zu einem anderen Phänomen kommen: der Manie. Der Patient ist in Hochstimmung, energiegeladen und sehr optimistisch. Diese scheinbar positiven Eigenschaften können das Urteilsvermögen herabsetzen. Die Manie kann auch als alleiniges Krankheitsbild auftreten. In der Regel sind die depressiven Phasen länger als die manischen.

Es gibt mehrere Möglichkeiten, Depressionen zu unterscheiden. Gängig ist die Unterscheidung zwischen *endogen* und *exogen*. Problematisch und wenig zielführend dabei ist, dass man zwischen äußeren und inneren Ursachen unterscheidet. Heute unterscheidet man nach der Schwere der Erkrankung zwischen einer majoren Depression, hier liegt eine schwere Erkrankung vor, und der minoren Form.

In den vergangenen Jahren hat sich zusehends gezeigt, dass eine Unterscheidung zwischen einer stressinduzierten und einer „normalen" Depression sinnvoll ist. Gerade bezüglich der Behandlung ist eine solche Unterscheidung notwendig, da unterschiedliche Ursachen zu behandeln sind.

Psychische Erkrankungen werden in der Bevölkerung im Allgemeinen leider nicht so ernst genommen wie zum Beispiel eine Lungenentzündung. Allerdings sterben gegenwärtig in Europa mehr Personen durch einen Suizid in Folge einer Depression als an einer Lungenentzündung. Die Haupttodesursache bis zum 40. Lebensjahr ist in Österreich Suizid infolge von Depressionen.

Das Krankheitsbild der Depression ist von vielen Symptomen gekennzeichnet. Der Gefühlszustand ist geprägt von großer Traurigkeit, Einsamkeit, Verzweiflung, innerer Leere und mangelndem Antrieb. Der mangelnde Antrieb führt dazu, dass sich die Patienten und Patientinnen sozial zurückziehen. Oftmals wirken sich diese Seelenzustände aber auch körperlich aus, und zwar in Form von Übelkeit, diffusen Schmerzzuständen, Schlafstörungen in Verbindung mit chronischer Müdigkeit und Mangel an Appetit sowie sexueller Lustlosigkeit. Ein wesentliches Merkmal für eine Depression ist die Entscheidungsschwierigkeit. Sie fällt den Patienten selbst meist nicht auf, sorgt aber dafür, dass Patienten teilweise einfache Dinge im Alltag nicht mehr bewältigen können. Die Folgewirkungen, wie Verlust des Arbeitsplatzes oder des Partners, sind nachhaltig.

Was passiert im Inneren des Gehirns eines depressiven beziehungsweise eines manischen Patienten?
Wesentlich sind zwei Gehirnbereiche: der präfrontale Cortex und der Mandelkern (eine andere Bezeichnung für die Amygdala). Der Mandelkern sorgt für das emotionale Erleben, er kann Synchronisationszustände, sprich Gedanken, im präfrontalen Cortex unterbinden. Der Mandelkern ist ein Gehirn im Gehirn. Er erhält von allen sensorischen Kanälen Daten und kann sie unabhängig abarbeiten. Damit kann er unabhängig Entscheidungen treffen. Wozu braucht man ein solches System, wenn es doch das „große" Gehirn gibt? Verein-

facht kann man sagen, die Amygdala soll schnelle Entscheidungen treffen – ohne groß nachzudenken. Der Nachteil besteht allerdings auch darin, dass die Entscheidungen nicht immer richtig sind, da die einlangenden Daten nur ein sehr grobes Abbild der Umwelt darstellen. Der präfrontale Cortex wiederum erhält sehr genaue Daten von der Umwelt und er kann auch sehr differenzierte Entscheidungen treffen. Diese Entscheidungen brauchen aber auch länger, bis sie getroffen werden, und haben auch eine emotionale Komponente.

Die beiden Strukturen können sich über unterschiedliche Neurotransmittersysteme beeinflussen. Zudem werden beide Gehirnstrukturen gleichzeitig von anderen Neurotransmittersystemen und Hormonen gesteuert. Normalerweise sind der Mandelkern und der präfrontale Cortex im Gleichgewicht, das bedeutet, sie können sich gegenseitig leicht beeinflussen. In Abhängigkeit der Tagesverfassung hat einmal der Mandelkern die Oberhand, dann ist man schlecht drauf, oder der präfrontale Cortex, dann ist man energiegeladen und optimistisch. Ändert sich der Status der Neurotransmitter dramatisch, wird zum Beispiel der Mandelkern übermäßig aktiviert, dann wird der präfrontale Cortex praktisch ausgeschaltet. Die oben genannten Symptome treten auf. Wird der Mandelkern übermäßig gehemmt, zum Beispiel durch eine Übererregung des präfrontalen Cortex, erlebt man eine Manie. Unter normalen, sprich gesunden Umständen wird diese Überaktivierung wieder abgebaut und am nächsten Tag ist alles wieder normal. Verursacht werden diese Überaktivität respektive die übermäßige Hemmung der jeweiligen Gehirnbereiche durch Noradrenalin, Serotonin beziehungsweise Dopamin.

Wie können Depressionen behandelt werden?
Es ist auf jeden Fall eine medizinische Abklärung des Gesundheitsstatus notwendig. Es gibt viele Erkrankungen, die keine Depression sind, aber ebensolche Symptome zeigen. Besuchen

die Patienten ausschließlich einen Psychotherapeuten, kann die Erkrankung nicht erkannt werden und der Patient erleidet unnötig Qualen.

Es muss berücksichtigt werden, dass der Selbstmord eine große Gefahr für den Patienten darstellt. Deshalb ist eine möglichst rasche Abklärung mit einem Psychiater respektive einem Neurologen notwendig.

Früher verwendete man Opiate zur Behandlung einer Depression. Dies führte zwar zu euphorischen Zuständen, die aber sehr kurzlebig waren.

Medikamente, die auf den Neurotransmitter Noradrenalin Einfluss nehmen, können eine depressive Phase auslösen. Normalerweise steuert das Noradrenalin die Aufmerksamkeit und die Intensität der generellen Aufmerksamkeit. Für die Behandlung eignen sich diese Präparate nur bedingt.

Heute werden tricyclische Antidepressiva zur Behandlung verwendet. Diese haben relativ geringe Nebenwirkungen, die gewünschte Wirkung tritt aber erst nach rund zwei Wochen auf. Die Antidepressiva hemmen die Inaktivierung des Neurotransmitters im synaptischen Spalt, dem Übergang zwischen zwei Neuronen. Ein Neurotransmitter wird normalerweise, nachdem er sich an einen Rezeptor gebunden hat, inaktiviert. Diese Inaktivierung wird durch die tricyclischen Antidepressiva verhindert. Die Inaktivierung betrifft vor allem die Neurotransmitter Noradrenalin und Serotonin. Unter der Bezeichnung SSRI (Selective Serotonin Reuptake Inhibiter) findet man ein probates Mittel für Depressionen. Das Serotonin steht vor allem in Verbindung mit der Affektregulation und der Regulation von Appetit, Angst und Schmerz. Rund 40 Prozent der Patienten kann mit einem SSRI geholfen werden. Problematisch ist allerdings die rund zweiwöchige Verzögerung des Einsetzens der Wirkung.

Bei einem Viertel aller depressiven Patienten führen die klassischen Antidepressiva nicht zu einer Besserung. Man geht davon aus, dass es sich in diesen Fällen um eine Fehlsteuerung des Stresssystems handelt. Stellt das Gehirn (kognitive Bereiche) Angst oder Stress fest, wird der Hypothalamus aktiviert. Dieser sondert das Corticotropin-Releasing-Hormon ab und aktiviert damit die Hypophyse (Hirnanhangdrüse). Die Hypophyse sondert nun ihrerseits über das Blut das Adreno-Corticotropes-Hormon aus. Zentraler Empfänger ist die Nebenniere, die deshalb Cortison ausschüttet. Damit es zu keiner Übersteuerung kommt und das System sich nach der Angst- oder Stresssituation wieder beruhigt, wird eine Gegenkopplung aktiv. Das Cortison hemmt die Hypophyse und den Hypothalamus. Fällt die Gegenkopplung niedrig aus, kann es zur Depression kommen, denn die ausgeschütteten Hormone verändern den Einfluss diverser Neurotransmittersysteme. So stellte man bei einer größeren Gruppe von Patienten mit einer Depression fest, dass die Hypothalamus-Hypophysen-Nebennierenrinden-Achse beziehungsweise die Hypothalamus-Hypophysen-Schilddrüsen-Achse über- beziehungsweise unteraktiv war. Das Adreno-Corticotropes-Hormon führt zu einer Defokussierung der Aufmerksamkeit, und Cortisol führt direkt zu einer Beeinträchtigung des Gedächtnisses. Interessanterweise kann bei dieser Form der Depression, der stressbedingten Depression, Lithium helfen. Bereits seit mehr als 40 Jahren ist bekannt, dass Lithiumsalze bei einer Manie helfen. Warum, wusste man lange Zeit nicht. Es klingt auch sehr riskant, jemandem, der an einer Depression leidet, ein Medikament zu verschreiben, das gegen Hyperaktivität hilft, wenn in wesentlichen Teilen aber eine zu geringe Aktivität vorherrscht. Dann fand man heraus, wie Lithium wirkt, nämlich nicht auf einzelne Neurotransmittersysteme, sondern es sorgt dafür, dass alle Neurotransmittersysteme gut abgeglichen arbeiten. Damit wirken Lithiumsalze hervorragend gerade bei stressinduzierten Depressionen.

> Es gibt aber auch Formen von Depressionen, die medika-
> mentös gar nicht behandelt werden können. Hier ist die
> Elektrokrampftherapie das Mittel der Wahl. Die Elek-
> trokrampftherapie genießt zwar einen zweifelhaften Ruf, da
> früher Patienten damit ruhiggestellt wurden, die Behand-
> lung erfolgt jedoch unter Vollnarkose und die Langzeitschä-
> den sind sehr gering. Es gibt einen kurzfristigen Einfluss auf
> das Gedächtnis, vor allem auf das Kurzzeitgedächtnis.
> Langfristige Schäden des Gedächtnisses treten äußerst selten
> auf.

Wenn die Neigung zur Selbst- mit der zur Fremdauslöschung zusammenfällt, spricht man von einem Selbstmordattentat oder einem Amoklauf. Beide Phänomene haben in den letzten Jahren
enormes Aufsehen erregt, beiden wird in ihren Soziotopen unter
bestimmten Umständen eine gewisse romantische, fast heroische
Anmutung angedichtet, obwohl beide in der Regel lediglich zum
Tod von einem oder mehreren Menschen führen.

Warum machen Menschen so etwas?

Wenn man klären will, warum Menschen morden, muss man
festlegen, was man unter Mord versteht. Nach dem deutschen
Strafgesetzbuch versteht man unter Mord eine Tötung, wenn einer der drei folgenden Beweggründe zutrifft:

Erstens mordet jemand aus niederen Beweggründen, das
heißt aus Lust, zur Befriedigung des Geschlechtstriebs, aus
Habgier oder anderen niederen Gründen. Schwierig ist es,
zwischen Mordlust und Lust zur Befriedigung des Geschlechtstriebs zu unterscheiden. Sicherlich steht die sexuelle Tat im
Vordergrund, aber in beiden Fällen wird im Gehirn dasselbe
Areal stimuliert. Bei einem Mord aus Habgier geht es ausschließlich darum, dass der persönliche Gewinn vermehrt beziehungsweise Schulden nicht bezahlt werden müssen. Unter
anderen niederen Gründen versteht man Rassenhass oder Aus-
länderfeindlichkeit. Im Gegensatz zur Mordlust sind die Opfer

nicht austauschbar. Natürlich gelten auch Wut und Eifersucht oder die Verletzung des Ehrgefühls als niedere Beweggründe.

Zweitens mordet jemand aus tatbezogenen Beweggründen wie Heimtücke, Grausamkeit und Gemeingefährlichkeit. Was versteht man unter Heimtücke? Der Mörder nutzt Wehrlosigkeit und Arglosigkeit aus, das heißt, das Opfer weiß nicht, was auf es zukommt. Bei der Grausamkeit soll das Opfer leiden. Interessanterweise versteht man darunter auch, dass das Leiden „passiert", wie zum Beispiel beim Verhungernlassen eines Kleinkinds. Unter einem Mord mit gemeingefährlichen Mitteln versteht man, dass man zwar auf eine Person zielt, aber auch riskiert, andere mit umzubringen – zum Beispiel mit Sprengstoff oder einer vergifteten Speise.

Als dritter Beweggrund gilt die Verwerflichkeit der Zielsetzung. Das heißt, der Mörder versucht mit einem Mord eine andere Straftat zu ermöglichen oder auch zu verdecken. Darunter könnte man das Töten eines Zeugen verstehen. Diese Unterscheidung gilt für Deutschland. In Österreich ist die Sache einfacher: Wer einen anderen unter Vorsatz tötet, ist ein Mörder. Die Beschränkung auf verwerfliche Gründe ist dem österreichischen Recht fremd.

Trotzdem müssen wir uns die Frage stellen, warum Menschen morden. Man unterscheidet dabei zwei Phänomene. Einerseits töten Menschen, wenn sie keine Strategie haben, mit einer Situation zurande zu kommen. Andererseits dient das Morden der Befriedigung eines Triebs, ähnlich dem Trieb zu trinken oder zu essen. Warum es eine Lust sein kann zu morden, ist Gegenstand aktueller Forschungen und kann im Moment noch nicht sinnvoll beantwortet werden.

Bei Amokläufern steht nicht der Lustgewinn im Vordergrund, sondern der Gedanke nach Rache und Genugtuung. Das Wort *Amok* kommt aus dem Malaiischen und heißt „in blinder Wut angreifen und töten". Der Täter ist zum Zeitpunkt der Tat unzurechnungsfähig. Gleichzeitig ist er absolut gewaltbereit. Der

Amoklauf ist eine psychische Störung, gemäß der Definition der Amerikanischen Psychiatrischen Gesellschaft oder der WHO eine Störung der Impulskontrolle. Es handelt sich um eine Verhaltensstörung, die durch eine Phase des Grübelns und Nachdenkens geprägt ist, die dann in eine gewalttätige und aggressive Phase übergeht. In den meisten Fällen endet diese Phase mit einem Suizid beziehungsweise einem Suizidversuch. Untersuchungen von Amokläufern haben gezeigt, dass rund 50 Prozent eine psychische Störung aufweisen. Zu einem geringeren Anteil hatten Amokläufer sogar schon eine psychiatrische Vergangenheit. Einzelne Ursachen findet man beim Amoklauf nicht – es spielen soziale Faktoren genauso eine Rolle wie die Persönlichkeitsstruktur. Besonders der Verlust des Arbeitsplatzes, der sozialen Integration, persönliche Kränkungen und Partnerschaftskonflikte können im Verbund mit der „richtigen" Persönlichkeit einen Amoklauf herbeiführen. Diese Faktoren müssen nicht unbedingt unmittelbar vor dem Gewaltausbruch auftreten, sie können auch schon seit längerem bestehen. Auffallend ist, dass die Täter meist männlich sind und weiß, mit einer konfliktgehemmten Persönlichkeit, das heißt, sie scheuen Konflikte. Die aggressive Phase wird durch allmähliche Entwicklung gewalttätiger Gedanken und Fantasien geplant.

Interessanterweise können sich die meisten Täter danach nicht mehr an ihre Tat erinnern. Rund die Hälfte der Täter überlebt den Amoklauf nicht, die Hälfte durch Suizid, die andere durch Tötung durch die Polizei. Die andere Hälfte überlebt unter anderem deshalb, weil der Zorn verebbt und die Anspannung nachlässt, nachdem sie ein paar Menschen „bestraft" haben, und ihnen danach die Kraft fehlt, sich selbst umzubringen.

Beim School Shooting handelt es sich nicht um einen Amoklauf im eigentlichen Sinne. Die Schüler planen ihre Tat lange im Voraus, sie beginnen lange vorher Fantasien zu diesem Thema zu entwickeln und diese werden im Laufe der Zeit immer konkreter. In manchen Fällen wird das Ereignis auch vorher angekündigt.

Profi-Tipp: Ein Jahr freiwillig beim Bundesheer
Als Werner Gruber ins – wie man so schön sagt – wehrfähige
Alter kam, wollte das österreichische Bundesheer, dass alle Ma-
turanten freiwillig die einjährige Ausbildung zum Reserveoffizier
absolvieren. Die Stellungspflichtigen mit baldiger Matura wur-
den in einen Raum gebeten und von den Angehörigen des
Bundesheeres entsprechend bearbeitet, um ihnen die Ausbildung
schmackhaft zu machen. Viele gaben dem Druck nach und
ließen sich überreden. Werner Gruber mussten sie nicht überzeu-
gen – er hatte seine eigene Lösung für das Problem: „Ja, ich
unterschreibe sofort, wo muss ich unterschreiben? Dann lerne
ich endlich, wie man wirklich gut Leute umbringt! Lernt man
auch, wie man Leute an die Wand stellt, wie man Bomben für
den Partisanenkrieg baut und wie man bei Konflikten die Ober-
hand behält – mit Waffen, wenn dann die Revolution kommt?"
Werner Gruber wurde der Einjährigen-Freiwilligen-Dienst ver-
weigert ...

Warum Menschen zu Selbstmordattentätern werden, ist nicht geklärt. Dass Menschen ihr Leben für ein höheres Ziel opfern, ist
schon aus der Zeit vor unserer Zeitrechnung bekannt, die Häufig-
keit der Selbstmordattentate hat allerdings erst mit der waffen-
technischen Entwicklung der letzten Jahrzehnte zugenommen.
Und da ist kurioserweise das Landwirtschaftsministerium von
Wisconsin nicht ganz unschuldig daran.[48]
    Im Jahre 1969 erschien eine Broschüre der Behörde für Jagd-
und Fischereiwesen mit dem Titel „Grubensprengungen für wildlebende Tiere". Erläutert wurde darin, wie man kostengünstig,
nämlich unter Verwendung von Dieseltreibstoff und Ammonium-
nitrat, also Kunstdünger, preiswert einen schönen Ententeich
sprengen kann. Diesen Sprengstoff herzustellen, ist billig und

---

48 Mike Davis: Eine Geschichte der Autobombe. Assoziation A: Berlin 2007,
   S. 63 f.

nicht sehr schwer, man darf allerdings keinesfalls Metallgeschirr verwenden, keinen Metall- oder Kunststoffspatel. Alles nur aus Holz, sonst kann man schon einmal zu blättern beginnen im Frühjahrskatalog für Unterarmprothesenmode.

Was eigentlich für Wildenten gedacht war, übernahmen Studenten, die gewaltsam gegen den Vietnamkrieg protestieren wollten, um Ententeiche in Militär- und Industriegebäude zu sprengen. Die Wirkung dieses Sprengstoffs kann verheerend sein, der Preis war ein weiteres Argument, und so begann der Ententeichsprengstoff seinen Siegeszug um die Welt, über die IRA, die PLO und die Hamas bis zu Al Kaida, und wenn heute in Bagdad ein Autobus in die Luft fliegt, dann auch ein kleines bisschen deshalb, weil sich in Wisconsin vor 40 Jahren jemand Gedanken über Grubensprengungen für wildlebende Tiere gemacht hat.

Wer keinen Zugang zu Diesel und Kunstdünger hat oder das richtige Mischverhältnis nicht kennt, braucht deshalb aber nicht zu verzagen. Mit einem Kilo Mehl kann man auch einiges anrichten. Und Mehl bringt man sehr leicht durch alle Sicherheitskontrollen am Flughafen. Obwohl die Kontrollen mittlerweile sehr streng sind und sogar der flächendeckende Einsatz von Körperscannern diskutiert wird. Allerdings helfen auch sogenannte Nacktscanner wenig, wenn jemand wie Werner Gruber Sprengstoff an Bord eines Flugzeugs bringen will. Man kann sagen, Werner Gruber war Anfang 2010 eine Zeitlang das bekannteste Nacktscannermodel der Welt. Er ist in einer Fernsehsendung gegen einen sogenannten Passivscanner angetreten und der Scanner ist in der ersten Runde k.o. gegangen.[49]

Bei Nackt- oder Bodyscannern unterscheidet man drei Typen: Passiv-, Aktiv- und Röntgenscanner. Die beiden ersteren Modelle arbeiten mit Terahertzstrahlung, diese liegt im elektromagneti-

---

49 Werner Gruber bei Markus Lanz, ZDF: http://www.youtube.com/watch?v=nrKvweNugnQ, Zugriff am 1.6.2010

schen Spektrum zwischen der Infrarot- und der Mikrowellen-
strahlung. Terahertzstrahlung ist entweder fernes Infrarot oder
nahe Mikrowelle, wie man will, jedenfalls dazwischen. Ein Passivscanner analysiert die Terahertzstrahlung, die der Körper ab-
gibt, ein Aktivscanner sendet Strahlung aus und misst die Refle-
xion. Aktiv kann ein bisschen mehr als passiv, aber beide sind
leicht zu überlisten, denn Terahertzstrahlung geht durch Stoff
durch, durch manche Kunststoffe, aber nicht durch Metall und
nicht durch die Haut. Das heißt, Gegenstände im Körper können
unbehelligt transportiert werden. Etwa im Mund, im Magen oder
im Darm. Pyrotechnische Gegenstände, mit denen man jedes
Flugzeug ganz leicht zu einer, sagen wir, unkonventionellen Lan-
dung zwingen kann, an den Sicherheitskontrollen vorbeizu-
schmuggeln, wäre überhaupt kein Problem.

Nacktscanner sind völlig sinnlos und Röntgenscanner sind
auch nicht viel besser. Ein Röntgenscanner sieht mehr, ist aber auf
Dauer ungesund. Hautkrebs ist dann bei Miles & More möglicherweise gratis dabei. Und wer sich ein wenig mit Naturwissenschaften auskennt, bringt auch am Röntgenscanner ohne weiteres
tödliche Waffen vorbei an Bord.

Wer sich mit Naturwissenschaften nicht so gut auskennt,
kann es, wie gesagt, auch mit Mehl probieren. Eine Mehlstaub-
explosion kann eine beeindruckende Sache sein. Wenn in einem
Sagenbuch von einem bösen Müller die Rede ist, den der Teufel
geholt hat, dann ist wahrscheinlich die Mühle einer Mehlstaub-
explosion zum Opfer gefallen.

Wer es schafft, ein Kilo Mehl in seinem Wohnzimmer gut in der
Luft zu verteilen, und es dann entzündet, hört keinen Knall, son-
dern nur ein kurzes, prägnantes „WUUUPP!" – und dann stehen
die Außenwände vermutlich jeweils circa einen Meter weiter vom
Zimmermittelpunkt entfernt. An sich eine kurze und schmerzlose
Methode, wenn man die Wohnzimmerfläche ein wenig vergrößern
möchte, allerdings kann sich dann das Dach wegen mangelnder
Unterstützung oft nicht mehr lange halten.

Mehlstaubexplosionen können unter bestimmten Umständen wirklich gefährlich sein und sollten deshalb auch im Schulunterricht vermieden werden. Und wenn Sie im Flugzeug sitzen und vier oder fünf Männer beginnen Mehl mit dem Föhn im Innenraum zu verteilen, dann wissen Sie, es ist höchste Zeit, den Kapitän zu bitten, er möge bitte die Sprinkleranlage einschalten.

Kurioserweise können Terroristen aber auch Menschen töten, ohne einen Anschlag zu begehen.

Ironischerweise nennt man das Ironie des Terrors. Am 11. September 2001 sind bei den verheerenden Terroranschlägen in den USA rund 3000 Menschen gestorben. Das war es, was die Terroristen wollten, aber sie haben noch viel mehr erreicht, weil das menschliche Gehirn so funktioniert, wie es funktioniert. Aus Angst vor neuerlichen Anschlägen sind nämlich nach dem 11. September viele vom Flugzeug auf das Auto umgestiegen. Die Zahl der Autofahrten hat sich in den drei Folgemonaten verdreifacht, im Oktober 2001 etwa hat sie um rund 20 Prozent zugenommen. Es waren vor allem Fernfahrten, für die die Menschen nun lieber ins Auto stiegen als ins Flugzeug. In der Folge kamen fatalerweise durch den vermehrten Verkehr rund 1600 Personen zusätzlich um. Sie starben als eine direkte Folge der Attentate auf das World Trade Center, obwohl die Terroristen keine weiteren Anschläge mehr verübt hatten.

Wie kann das passieren, warum stiegen so viele aufs Auto um? Wo doch jeder weiß, dass auch Autofahren gefährlich ist, sogar viel gefährlicher als Fliegen.

In der Psychologie spricht man vom „dread risk", was man mit „fürchterliches Risiko" übersetzen kann. Und es bedeutet, dass Gefahrenquellen, die als besonders bedrohlich, unkontrollierbar und direkt tödlich eingestuft werden, größere Bedeutung beigemessen wird. Der Wunsch nach Vermeidung dieser Gefahren ist besonders groß.

Einen Flugzeugabsturz überlebt man in der Regel nur ganz selten, einen Autounfall schon eher. Allerdings sterben in Deutschland auch jedes Jahr rund 8000 bis 16.000 Menschen im Krankenhaus aufgrund von falsch verschriebenen Medikamenten. Trotzdem gehen die Menschen weiterhin ins Krankenhaus, wenn sie krank oder verletzt sind.

Die genauen Ursachen, warum wir uns so verhalten, sind bis heute noch nicht ganz geklärt. Es dürfte drei Ursachen geben:

1) Wir können schlecht mit Statistiken umgehen, schlecht abschätzen, dass auch weniger einschneidende Ereignisse gefährlich werden können.
2) Wir wollen Kontrolle haben. In einem Flugzeug sind wir dem Piloten ausgeliefert, beim Autofahren können wir selbst entscheiden. Der Geisterfahrer oder technische Gebrechen bei hohen Geschwindigkeiten werden ausgeblendet.
3) Wir wollen nicht, dass große Gruppen gefährdet werden. Das dürfte aus der evolutionären Erfahrung stammen. Stirbt ein großer Teil eines Stamms, hört der Stamm bald auf zu existieren.

Wer dem Tod nahe kommt, aber weiterlebt, hat nicht nur Glück gehabt, sondern manchmal auch ein Nahtoderlebnis. Bei Nahtoderlebnissen gehen ja viele gern ins Licht, das am Ende eines Tunnels hell erstrahlt, und treffen ihren Schöpfer. Aber nicht alle gehen ins Licht, etwa zehn Prozent gehen in eine Hölle und sind froh, wenn es wieder vorbei ist.

Warum, weiß man nicht genau. Dabei haben Nahtoderfahrungen mit Tod eigentlich sehr viel weniger zu tun als mit dem Gefühl der Angst, gleich zu sterben. Nur in etwa der Hälfte der Fälle befindet sich ein Patient während einer Nahtoderfahrung auch wirklich in Todesnähe, und bei langsam fortschreitender Erkrankung findet eine Nahtoderfahrung praktisch nie statt. Die Inszenierung einer solchen Erfahrung hängt ganz wesentlich vom kulturellen Umfeld ab. Im Mittelalter war sie von Höllenangst dominiert, heute herrscht vielfach ein mystifiziertes Bild des schönen Todes vor, und im Wesentlichen bekommt jeder den Himmel, den er sich vorstellt: voller Geigen, voller Blumen, voller Meer, voller Berge, voller Landschaft und so weiter. Je nach Prägung. Das Jenseits hängt vom Diesseits ab. Dass man bei einem Nahtoderlebnis weder an die Himmelspforte klopft noch ans Höllentor, das weiß man aber schon.

Bei einer Nahtoderfahrung ist nicht eine bestimmte Hirnregion besonders aktiv, sondern fast alle gleichzeitig, was an sich logisch ist, für das Gehirn ist der bevorstehende Tod eine einzigartige Situation. Für den restlichen Körper natürlich auch.

Wenn man stirbt, bekommt man als Erstes zu wenig Sauerstoff, weil die Lunge ausfällt oder das Herz. Dadurch können die Neuronen im Gehirn nicht mehr ordnungsgemäß arbeiten. Im Bereich des Schläfenlappens führt Sauerstoffmangel dazu, dass man glaubt zu schweben. Im Sehareal, das sich im hinteren Teil des Gehirns befindet, führt Sauerstoffmangel dazu, dass man alles heller sieht. Daher das weiße Licht. Man meint, dass alles in eine Aura getaucht ist. Nimmt der Sauerstoffmangel weiter zu, entstehen Muster.

Man sieht möglicherweise folgende Muster: Spinnennetz, Drahtgitter, Lichttunnel oder Spirale. Und praktisch gleichzeitig setzt Schmerzfreiheit ein. Man fühlt sich unbesiegbar und leicht und frei, weil körpereigene Opiate ausgeschüttet werden. Wozu Opiate? Gegen die Schmerzen. Hätte man keine Schmerzen, würde man wahrscheinlich nicht sterben.

Interessanterweise ereignen sich Nahtoderlebnisse nur, wenn man bei Bewusstsein ist. Es gibt bis heute keine einzige Person, die während einer Vollnarkose gestorben ist und wiederbelebt wurde, die von solchen Erlebnissen berichten konnte.

Nahtodesanzeige Werner Gruber
*15.03.1970 – Naht 28.10.2004

Der Experte der Science Busters für Nahtoderfahrungen ist Werner Gruber. Nicht nur als Neurophysiker, sondern auch als Zeitzeuge. Weil eine kalte Lungenentzündung für einen gestandenen Oberösterreicher offenbar noch lange kein Grund ist, ins Krankenhaus zu fahren, weiß er heute aus erster Hand, wie es sich anfühlt, wenn man stirbt.

Ob Sie es glauben oder nicht, es ist ein lässiges Gefühl. Zumindest, wenn sterben immer so geht, wie Werner Gruber es erzählt. Ein bisschen schlecht ist es ihm schon gegangen, Schweißausbrüche und dergleichen mehr, aber kein Grund zur Besorgnis. Bis auf einmal das Atmen nicht mehr funktionierte. Von unter Wasser kennt man das, da taucht man wieder auf und holt Luft. Dass auf der Erdoberfläche das Atmen nicht mehr geht, ohne dass man einen Plastiksack über dem Kopf hat, ist ungewöhnlich. Wenn einem das zum ersten Mal passiert, ist das Gefühl am Anfang natürlich nicht sehr toll. Werner Gruber versuchte einzuatmen, es ging aber nicht. Er versuchte es ein weiteres Mal, wieder vergeblich. Glaubhaft versichert er, sich in dem Moment gedacht zu haben: Wenn es beim dritten Mal auch nicht funktioniert, dann ist das sehr schlecht, weil dann sterbe ich vermutlich. Das Erstaunliche dabei war: Es war ihm egal. Als beim nächsten Versuch auch keine frische Luft in die Lunge wollte, wurde es auf einmal angenehm, das eigene Ableben besaß keinen Schrecken. Alles war ganz friedlich. Der Körper hatte in dem Moment so viele Schmerz- und Glücksmittel ausgeschüttet, dass der eigene Tod ein behaglicher Trip wurde.

Für den Außenstehenden stellte sich die Situation damals nicht so friedlich und harmonisch dar. Werner Gruber kollabierte, rang um Luft und drohte zu ersticken. Wäre er damals nicht umgehend mit den Segnungen der Intensivmedizin persönlich bekannt gemacht worden, wäre die Welt heute um ein hervorragendes Schweinsbratrezept ärmer.

Bleibt der berühmte Lebensfilm, in dem angeblich kurz vor dem Tod noch einmal das ganze Leben Revue passiert. Manchmal kommt es dazu, dass während einer Nahtoderfahrung viele Erinnerungen aus früherer Zeit aktiviert werden. Hier hält das Gehirn quasi Inventur. Die aktuellen Gehirntheorien interpretieren dies als Versuch des Gehirns, eine Lösung für das Problem zu finden. Aus ehemaligen Lösungen versucht es in der Eile eine Lösung für das aktuelle Problem zu finden. Das Gehirn hat ja hoffentlich keine Routine beim Sterben, daher läuft ein Film ab, wie eine Suchfunktion. Ob der Gesetzgeber erlaubt, dass man sich vom Lebensfilm eine Sicherheitskopie zieht, ist nicht bekannt. Jedenfalls läuft der Film in aller Regel im Original, ohne Untertitel. Also wirklich nur was für echte Cineasten.

Unsterblichkeit ist die große Leidenschaft der Menschen. Alle Geschichten, die sich die Menschen rund um allmächtige Götter ausgedacht haben, aus denen dann die Religionen entstanden sind, handeln von der Überwindung des Todes.

Möchten Sie eigentlich, dass nach Ihrem Tod eine Straße nach Ihnen benannt wird? Oder eine Gasse? Oder wenigstens ein Platz? Viele Menschen wünschen sich, dass nach ihrem Tod etwas von ihnen bleibt. Warum das so ist, lässt sich schwer sagen, denn kaum etwas kann dem Menschen so egal sein wie das, was nach seinem Tod passiert. Falls Sie es billiger geben und damit zufrieden sind, dass ein Flugzeug Ihren Namen trägt, dann habe ich vielleicht gute Neuigkeiten. Es gibt nämlich eine sehr schöne Spekulation unsere Existenz betreffend: Unsere Gene benutzen uns als Wirt, um sich fortzupflanzen, und gaukeln uns Menschen dafür Bewusstsein vor.[50] Wir, die Science Busters, bilden uns also ein, Topwissenschaft und Spitzenhumor müssen keine Feinde sein, das soll uns erst einer nachmachen, und in Wirklichkeit will sich nur eine Erbanlage reduplizieren, sagen wir das Gen „Haare aus den Ohren ab 40 Jah-

---

50 Richard Dawkins: The Selfish Gene. Oxford University Press 1976

ren". Und weil Gene zu schwach sind, um den Fernseher einzuschalten, oder zu ungeschickt, um Flugzeuge zu bauen, mit denen man auf Urlaub fliegen kann, nisten sie sich im Menschen ein und lassen ihn glauben, er sei die Krone der Schöpfung und seit fünf bis sieben Millionen Jahren in der Evolution tätig.

Die Gene spielen demnach mit uns, und man muss einräumen, sie verstehen Spaß, wenn sie dann so was wie Genetiker, Kosmologen und Neurophysiker zulassen, die erklären, wie Geist, Bewusstsein und Materie zusammenhängen. Vielleicht ist das aber auch ihr Fernsehprogramm, sind wissenschaftliche Kongresse ihre Sitcoms, und die Gene hängen wiehernd vor dem Bildschirm.

Sind wir die Billigflieger, mit denen Gene in den Urlaub fliegen? Wollen wir nur ans Meer, wenn unsere Gene Urlaub brauchen? Dann wäre immerhin schon ein Linienflugzeug nach uns benannt, ohne dass wir es wüssten.

Vielleicht wäre das auch eine Möglichkeit, uns von der Erde zu emanzipieren. Die gängigen Vorstellungen von einem Exodus der Menschheit von der Erde gehen ja davon aus, dass der Mensch tolle Raumschiffe baut und andere Planeten kolonisiert. Er baut etwa sogenannte Generationenschiffe, mit denen er sogar das Sonnensystem verlassen können soll, um Exoplaneten erreichen zu können, also Planeten, die um andere Sterne kreisen als unsere Sonne, und die somit viele Lichtjahre von uns entfernt sind.

Generationen heißt im Fall von Generationenschiffen, dass mehrere Generationen Menschen an Bord geboren werden, leben und sterben, bis das Raumschiff sein Ziel erreicht. Wenn es sein Ziel überhaupt jemals erreicht. Denn im Weltall kann man ja nirgends nachtanken, und es gibt auch keine Werkstatt mit Ersatzteilen. Das heißt, ein Generationenraumschiff müsste zumindest eine kleine Stadt sein, mit ein paar tausend Einwohnern und üppiger Vegetation. Die Probleme, die sich beim Bau von so gewaltigen Raumschiffen stellen, sind allerdings so umfangreich, dass an eine Realisierung in absehbarer Zeit nicht zu denken ist.

Weder im Weltall noch auf der Erde kann man also die Menschheit mit Generationenschiffen wirklich weiterbringen. Wenn die Erde nicht unsere einzige Option bleiben soll und wir wirklich nur die mit der Zeit immer raffinierter werdenden Überlebensmaschinen unserer Gene sind, dann könnten wir uns überlegen, ob wir unsere DNA nicht gleich in Bakterien einbauen und wir als Bakterien weiterleben. Das hätte neben vielen Nachteilen, wie kein Sex mehr und kein Alkohol, auch Vorteile: nie mehr Parkplatz suchen, keine Vorgesetzten mehr und keine Midlife-Crisis. Bakterien manipulieren, damit sie für uns Erdbeeraroma produzieren, können wir schon länger, und ein Wissenschaftler-Team um den Gentechnik-Pionier Craig Venter hat 2010 selbst hergestelltes Erbgut in eine Bakterien-Zelle eingepflanzt[51] und damit erstmals ein lebensfähiges Bakterium mit vollständig künstlichem Erbgut geschaffen.

Die Wissenschaftler haben zwar noch kein komplett neues Lebewesen geschaffen, weil ja nur das Erbgut künstlich hergestellt wurde, aber die nächste Generation ist, wenn man so will, eigentlich schon künstliches Leben, weil sie ja eigentlich durch Vermehrung von künstlich geschaffenem Erbgut hervorgegangen ist.

Auf dem Weg zur Schöpfung eines vollständig künstlichen Lebewesens ist der Mensch einen weiteren wichtigen Schritt vorangekommen, er hat Leben geschaffen, das er nach seinem eigenen Gutdünken programmieren kann. Das sollten wir nützen. In spätestens fünf Milliarden Jahren, aber eher schon früher, wird es auf der Erde sehr ungemütlich werden. Wenn wir tatsächlich nur das Trägerschiff für unsere Gene sein sollten, dann ist das Modell „Säugetier" mit allen Extras im Ernstfall ohnedies keine Option, um eine Katastrophe zu überleben. In diesem Fall könnten wir genauso gut unsere DNA in ein maßgeschneidertes Bakterium einpflanzen, das – ähnlich dem Deinococcus radiodurans – für das

---

51 http://www.sciencemag.org/cgi/rapidpdf/science.1190719v1.pdf, Zugriff am
    1.6.2010

Leben im Weltall gut gerüstet ist. Dann könnten wir uns in aller Ruhe auf den Weg zum Mars machen und dort in unterirdischen Höhlen die Ruhe und Menschenleere genießen. Und an klaren Tagen einen Blick auf die Erde riskieren, auf der dann vielleicht ein angeheiterter Heinz Oberhummer zu sehen ist mit einer Magnumflasche Sekt im Arm, der glaubt, er hat gerade eine Wette gewonnen.

Meine Damen und Herren, das war's von unserer Seite, danke, dass Sie uns durch das Buch gefolgt sind. Wenn Sie noch Fragen haben, erreichen Sie uns unter www.sciencebusters.at, wenn Sie mehr zu wissen glauben, dann war der Weg umsonst, wenn Sie aber wissen, dass Sie nicht alles zu glauben brauchen, freut uns das. Weltformel gibt's natürlich keine. Ganz im Gegenteil. Selber schuld, wer das geglaubt hat. Vielleicht stoßen wir noch kurz an, nachdem wir so viel Zeit miteinander verbracht haben, vielleicht sagen wir einander Du, wer weiß ... Moment, ich hol nur kurz die Gläser ... und wo ist jetzt der Korkenzieher wieder, der war doch gerade noch da ...

A B D U L A ! ! !

Unser Dank gilt Herwig Czech (DÖW), Dr. Nikolaus Thierry, Hans Weiss, Dr. Erwin Salner, Dr. Erich Eder, Kathrin Hartmann, Joe Rabl und dem Ecowin Verlag für die gute Zusammenarbeit.

Register

231

Die Rückkehr des guten Geschmacks.

Gruber, Werner
„DIE GENUSSFORMEL"
304 Seiten, EUR 21,90
ISBN: 978-3-902404-59-6

»Kochen wie McGyver. Jahrelang tüftelte der Physiker und Hobbykoch Werner Gruber an der Lösung der kulinarischen Alltagsprobleme. (…) ›Die Genussformel‹ wurde eine Art Heiliger Gral der Kochkunst.«

Salzburger Nachrichten

Wie gelingt das saftigste und knusprigste Grillhuhn der Welt? Was macht den Semmelknödel erst besonders flaumig? Wie löst man das Wiener Rosinengugelhupfproblem? Welche Speisen gelingen in der physikalischen Blitzküche? Was ist eine perfekte Weihnachtsgans? Und wie gewinnt man garantiert an jedem Buffet?
Werner Gruber erklärt mit unglaublichem Fachwissen die kleinen chemischen und physikalischen Tricks der großen Köche und räumt dabei gleich mit so manchen populären Kochirrtümern auf. Und wenn der Star der Molekularküche Ferran Adrià sagt: „Ernährung = Essen + Emotion", dann geht Werner Gruber einen Schritt weiter und sagt: „Genuss ist relativ."

Spannend.

**Auf der Suche nach
der Weltformel.**

Oberhummer, Heinz
„KANN DAS ALLES
ZUFALL SEIN?"
224 Seiten, EUR 22,00
ISBN: 978-3-902404-54-1

»*Oberhummer lässt nichts aus, darum eignet sich sein Buch so gut als Einführung in die wunderbare Welt rund um unsere Welt. Selten noch hat es ein Wissenschaftler geschafft, dem Leser, auch dem eher ahnungslosen, derart komprimiert auf nur 170 Seiten das Weltall nach dem heutigen Wissensstand von A bis Z zu erklären.*«

Kurier

Das moderne Bild des Universums ist grandioser, als man es sich jemals auch nur annähernd vorstellen konnte. Aber je mehr wir über das Universum erfahren, umso mehr Geheimnisse tun sich auf. Was ist die rätselhafte Dunkle Materie und die noch mysteriösere Dunkle Energie? Wie nahe sind wir einer „Weltformel" auf der Spur? Warum ist die Inflation die leistungsfähigste Theorie des Universums? Was war eigentlich vor dem Urknall? Warum sind die Sterne für unser Leben unabdingbar? Was ist die Ungeziefertheorie? Warum ist es unserer Generation vorbehalten, dass wir Leben außerhalb der Erde entdecken?
Erfahren Sie mehr über die aufregendste Entdeckung der modernen Naturwissenschaft. Unser Universum ist offensichtlich genau darauf abgestimmt, dass Leben möglich ist. Welche naturwissenschaftlichen, philosophischen als auch religiösen Erklärungen gibt es für diese überraschende Erkenntnis?
Kann das alles Zufall sein?